U0345840

美国风景园林纵横

MEIGUO FENGJING
YUANLIN ZONGHENG

陈 新 编著

同济大学 出版社
TONGJI UNIVERSITY PRESS

陈 新

序 言

　　陈新同志是上海园林界已退休的一位老专家。近年来，他利用赴美国探亲、旅游的机会，对美国风景园林做了较为全面、系统的调查和资料收集工作。

　　他认为，美国的风景园林是在继承欧洲传统园林的基础上，通过 20 世纪初以来一百多年的不懈探索、创新、实践，逐步树立了尊重自然、保护生态以及人文关怀的理念；在设计手法上以满足多种功能要求为前提，注重因地制宜，努力使景观丰富多彩，艺术表现优美；开拓了一条以法治为基础，科学合理，具有特色的现代园林之路；在国家公园、城市公园、生态绿道、现代园林等方面具有全球领先的优势。为此，他向国内同行简要地介绍了美国风景园林的现状、发展与经验。

　　2012 年，上海科学技术出版社出版了陈新同志编著的《美国风景园林》一书，图文结合，系统而简要地介绍了美国的国家公园、州立公园、城市绿化、住宅花园、绿道、植物园、园林雕塑及现代园林的概况、特点与管理状况，并分析了美国风景园林的发展轨迹、立法基础等。

　　近几年来，陈新仍矢志不渝地继续关注美国的风景园林，因为他觉得美国的风景园林在发展中有不断创新的内容。所以，他进一步考察了许多地方，包括北至飞地阿拉斯加州，南至加勒比海属地维京群岛的 15 个美国国家公园，以及东、西部十多个重要的大城市的市区绿化。有的城市，特意多次前往，为的是拍摄一些颇有创意的、优秀的园林杰作。他从空中、山上、大地、滨海、沙漠等不同位置、不同季节观察、拍摄，尽可能较全面地反映美国风景园林的现状。同时，他参阅了众多中外学者的论著，包括美国《国家地理》和美国一些著名学者的专著，对许多美国风景园林进行了全面而具体的介绍与分析。面对这几年来获得的许多新资料，陈新深感有必要对《美国风景园林》一书进行补充与修改。经过一番努力，推出新著——《美国风景园林纵横》。

　　本书保留了《美国风景园林》一书的主要框架和内容，并有以下一些变化。

　　第一，内容更充实。本书的内容更全面、系统，案例更充实、更具代表性。增添了美国州立公园、城市绿化、绿道最新或较新的宏观统计数据和一些最具代表性的案例；增加了"城市公园"章节，将美国领先全球的人造园林，包括市区综合公园、河滨、湖滨、海滨公园、口袋公园、高架公园、纪念公园、雕塑公园、棕地改建公园、街心花园和社区公园、盲人公园、遛狗公园等，举了不少著名的例子并做了图文并茂的介绍；补充了获得美国风景园林师协会（ASLA）奖（世界风景园林规划、设计等最高奖）的一些优秀的园林作品。

　　第二，素材更求新。作者努力寻找、添加了一些近年来涌现出的美国风景园林杰作、新报道的重要信息。如拉斯维加斯 2016 年新建的一个街边公园，获当年"世界十佳园林设计"荣称，他随即前往现场拍摄，择图片归入书稿。阿拉斯加州德纳里国家公园中的德纳里山是北美最高峰，2016 年时任美国总统奥巴马下令将原名麦金莱（美国一位总统名）山改为德纳里山（爱斯基摩人语"高之冠"之意），本书也随之作了相应更新。《中国园林》2017 年第 5 期刊登了美国学者弗兰克·加德纳的"美国环保署棕地计划"一文，相关内容也被列入参考之中。

第三，结构更合理。《美国风景园林纵横》一书将《美国风景园林》中的"发展轨迹""完善的立法与管理""优美的植物景观"三章内容融合到有关章节中；增加了"亮丽的城市公园"和"其他风景园林"两章，使得本书的结构更合理、更系统。

第四，剖析更客观。本书既肯定了美国风景园林取得的成果，认同了美国国家公园、城市公园、绿道、现代园林领先全球的观点，又提出了对美国风景园林至今尚存在的问题的看法。

第五，图文更简练。本书较《美国风景园林》增加了许多新的内容，却将图片总数压缩了1/3；本书以图片为主，文字更为简练，力求以最少的图文反映出美国风景园林的概况。

陈新同志在本书的编写过程和他拍摄的照片与文字中，呈现了求真、求新、求美的精神。

本书可供高等院校风景园林专业师生参考，也可供风景园林行业专业工作者参考，还可对广大风景园林爱好者及旅游爱好者提供帮助。

严玲璋

上海市风景园林学会名誉理事长
上海市园林管理局原副局长
教授级高级工程师
2017 年 11 月

前 言

自《美国风景园林》2012 年出版以来，我又考察、拍摄了不少美国的风景园林，阅读了许多中外同行和学者对各类美国风景园林的介绍和评议，深感有必要对《美国风景园林》一书进行补充与修改，经近两年的努力，现推出《美国风景园林纵横》一书，希望能更客观地反映美国风景园林的概况与特征。

受精力、能力和篇幅等的限制，本书只是对美国的国家公园、州立公园、城市绿化、城市公园、住宅花园、植物园、绿道、现代园林等做一些简略的介绍。难免"挂一漏万"，存在不足，只能供大家参考。

除本书出现的案例外，其他还有一些美国的州立公园、绿道和现代园林等优秀案例，我没能去现场拍摄照片，各位读者可上网浏览。

随着时间的推移，美国风景园林的发展，本书又将失去时效；然而众多专家、学者和新人，必将编著出反映新时代、新园林的图书，持续不断地向前发展。

本书的编写得到了宾夕法尼亚大学风景园林系毕业的张天娇硕士的支持，赵岩、陈蓝、茅晓玮、胡蕴华、陈兵、杨维提供了他们拍摄的一些照片，在此一并致谢！

在本书的编写过程中，参阅了许多同行对美国风景园林的论述文章，从中得到不少启发。对此，特向这些专家和同行致谢！

为本书作序的上海市风景园林学会名誉理事长、上海市园林管理局原副局长严玲璋先生，是我的前辈和引路人，她对我的关怀和指导给了我极大的动力，在此，特向她表示崇高的敬意和衷心的感谢！

陈新

2017 年 12 月

目 录

第 1 章　概述

美国地处北美洲，北邻加拿大，南接墨西哥和加勒比海，东濒大西洋，西临太平洋，国土面积 937 万平方公里。美国本土主要位于温带和亚热带，飞地阿拉斯加州主要为亚寒带大陆性气候，飞地夏威夷州为热带海洋性气候。美国大部分地区雨量充沛，分布均匀。海拔 500 米以下平原占国土面积 55%，森林覆盖率 33%，人均拥有森林 1.4 公顷。高山、峡谷、丘陵、平原、湖泊、河流、湿地、海滨、沙漠等地形地貌各有特色，地带性自然植被和野生动物种类繁多、资源丰富，是美国风景园林壮观优美、多姿多彩的基础。

16—17 世纪美国刚开始迎来大批移民时，国土面积的 46% 为原始森林，后来随着殖民时期的破坏性开发，森林覆盖率一度下降至 30%，野生动物数量大幅度减少，自然环境逐渐变差，从而引起了广泛的重视和反思。19 世纪后半叶至 20 世纪上半叶，在众多有识之士和广大民众的呼吁及努力下，美国政府制定和实施了一系列保护自然资源、改善自然环境的法律、法规，开展了大规模的风景园林建设，使美国国土绿化开始健康发展。

美国的先民为逃避欧洲的束缚，来到美洲大陆，面对广阔、壮观、质朴的自然天地，心灵获得了充分的自由，这造就了美国人自由、奔放的天性。美国不仅建立了拥有众多原始生态的国家公园、州立公园，而且在城市公园、住宅花园等人造园林中，尽量模拟自然，把自然引入城市中、住宅中、生活中；注重空间的合理布局、可持续发展和良好的时空效果。1841 年，安德鲁·杰克逊·唐宁（Andrew Jackson Downing，1815—1852 年）出版的《论造园的理论与实践》摒弃景观设计的古典风格，倡导自然式园林。1858 年，弗里德里克·劳·奥姆斯特德（Frederick Law Olmsted，1822—1903 年）主持设计的纽约中央公园，

于 1871 年建成，从而开始了美国城市公园的建设。同时，奥姆斯特德等为众多城市开展了绿地的规划设计。1892 年美国立法建成了第一个国家公园——黄石国家公园，并逐步建立了许多国家公园。与此同时，美国各州逐步建设了大批州立公园。20 世纪 30 年代开始，美国的园林建设改变了传统园林僵化的设计模式，以尊重自然、尊重场地特征、尊重人的生活需要为设计原则，以灵活、自由的设计手法，开创了现代园林的新路。

第二次世界大战后，随着经济的持续繁荣和发展，美国风景园林迅速发展，城市开展了绿地系统和城乡一体化的绿化建设，大批绿道也相继建成并不断增加，现代园林的精品佳作不断涌现。

美国的风景园林，壮观优美的天然风景分布在广袤的国土上，其中包括众多的国家公园、国家森林、国家保护区、国家历史公园、国家休闲区，共 300 多个，州立公园 6600 个，及各级绿道 2000 多条等。而城市绿地系统、城郊居住区绿化也很重视自然景观资源的保护和自然风光的模拟与提炼。

美国通过广泛的、形式多样的科普宣传，提高了公众保护自然资源、热爱风景园林的意识；通过完善的立法与管理，为风景园林的保护和发展提供了保障机制。而且不断深入的科研工作，为提高风景园林的水平，发挥了重要作用。民间组织和社会各界的积极参与及资助，也促进了风景园林的持续发展。

美国在继承西欧园林风格的基础上，根据本土条件和特点，进行不断探索、创新。尤其在国家公园、绿道和现代园林方面，美国是领先的。如今，随着新的设计理念和手法的不断涌现，随着新优植物、新材料、新技术的不断应用，美国风景园林规划设计和建设，更丰富

多彩、更成熟。一系列新的风景园林规划也正在不断制订、实施之中。

美国风景园林师协会（ASLA）奖评奖活动每年评出美国和各国园林规划、设计优秀作品30多项。ASLA奖支持创新，为促进美国风景园林事业发展，引导美国，乃至世界风景园林向现代化、多元化、可持续方向发展起到了积极作用。

当然，美国的风景园林建设在总体发展较健康的状态下，也存在不少问题，如人均高幅度的消耗与排放，使冰川加速度融化、后退，异常气候趋多。每年大量独立别墅的新建，多半是砍了天然林而铺草坪，降低了当地森林覆盖率；众多住宅区、社区公园的百年大树，仅有少量腐蚀，甚至没有什么病就被砍了；少数国家公园过度开发，对原有自然生态有一定影响；一些城市绿地较少，贫民区绿化较差甚至没有绿地；受体制、机制的限制，城市园林绿化发展较慢，工程建造时间长。20世纪以来，虽然美国一度领先全球的城市公园发展趋慢，但保护自然、坚持可持续发展，与片面追求开发利益之间的斗争，还将继续。这对美国风景园林未来的发展也具有深刻影响。

第 2 章　壮观的国家公园

在美国的风景园林中，最突出、最壮观的自然风景当属国家公园，从濒临太平洋的加利福尼亚州到紧靠大西洋的弗吉尼亚州；从东北角的缅因州，东南角的佛罗里达州到西南部的德克萨斯州、新墨西哥州；从中西部的犹他州、科罗拉多州到飞地阿拉斯加州和夏威夷州；分布着独具自然景观的 60 个国家公园，其中尤以中西部居多。

不论是那拥有定时喷涌、声如狮吼的"老忠实喷泉"等 3000 余处温泉的黄石国家公园，还是那深千余米，长 400 多公里，呈现出层层不同色彩的悬崖峭壁的大峡谷国家公园；不论是那万千座有如古堡圆柱、尖塔形石林的布赖斯峡谷国家公园，还是那高耸入云、密布"世界爷"巨杉的红杉及国王峡谷国家公园；不论是那云雾缭绕，野花遍地，植物多达 5500 种的大烟山国家公园，还是那火山喷发的岩浆奔涌入海，水火相融的夏威夷火山国家公园；不论是那冰川纵横的得纳里国家公园，还是在蓝天白云下，青山、碧湖、密林和遍野花草相映增辉，野生动物成群结队、悠然自得，珊瑚、鱼群艳丽夺目、神秘莫测，许许多多国家公园均多彩、优美且保持良好的原始自然风貌，呈现出自然、质朴、静谧、神秘、壮观的景观，令人震撼、感叹和陶醉。

2.1　美国国家公园的性质、定义、入选标准、入选原则与特点

1. 性质

美国国家公园属于自然保护区。

2. 定义

国家为保护一个或多个典型生态系统的完整性，为生态旅游、科学研究和环境教育提供场所而划定的，需要特殊保护、管理和利用的自然区域。

3. 入选标准

入选美国国家公园，必须符合四条标准，即国家重要性、适合性、可行性与不可替代性。

国家重要性：包括①是一种特定类型资源的杰出代表，典型范例；②对于反映美国遗产的自然或文化主题，具有很高的价值；③资源具有相当高的完整性；④可提供公众欣赏、游憩或进行科学研究。

适合性：是指某区域代表的自然或文化主题或游憩资源类型，在国家公园体系中还没有充分体现，或其代表性是独特的。

可行性：是指某一区域的自然资源或历史背景有足够大的规模和适当的结构，从而可保证对资源长期有效的保护，并符合公众的利用要求；它必须具备在适当成本水平上维持高效率管理的潜力。

不可替代性：经评估，表明候选地由国家公园管理局管理是最优选择，是别的保护机构不可替代的。

美国立法规定国家公园必须具有全国意义的自然、文化或欣赏价值的资源，独特的生态与地形环境，能为游览、科研提供最多机会，必须有一定规模和合适的布局。

确保公园资源不被破坏的标准包括景观特色，其中包含昼夜的自然景观、自然声音和气味、水、空气、土壤、地质、文化、历史、遗迹、博物馆收藏及土生动植物。入选国家公园的要求很高，大量生态环境与风景良好的区域，被列入了美国国家森林、州立公园、自然保护区等。

4. 入选原则

①国家利益高于一切；②生态保护优先；③坚持为大众服务，不以营利为目的。

5. 特点

自然生态系统或历史原貌完整，保护与利用关系平衡，面积大。

2.2 美国国家公园的由来与发展

1832 年，美国艺术家乔治·卡特林（George Catlin，1796—1872 年）在旅途中，对美国西部大开发造成印第安文明、野生动植物和原始自然的破坏深感忧虑。他提出："它们可以被保护起来，只要政府通过一些保护政策，设立国家公园，所有的一切都处在原生状态，体现自然之美。"

1872 年，在众多仁人志士的努力下，美国国会批准建立了世界上第一个国家公园——黄石国家公园。这以后，一个又一个国家公园相继建立，逐步形成了分布于美国各地，各具自然与人文特征的国家公园体系。

美国国家公园体系的发展大致可分为六个阶段。

第一阶段为萌芽阶段（1864—1915 年）。在这期间，保护自然的理想主义者和旅游开发的实用主义者们联合起来，共同反对大开发对原始自然的破坏，并最终使美国国会立法建立了第一批国家公园、国家森林保护区、国家野生动物保护区。19 世纪末，美国公众开始注重对印第安文明等的保护，从而使国会于 1906 年通过了《古迹法》，逐步建立了一些国家历史公园、国家纪念地等。

1908 年，莱德·霍勒斯·麦克法兰（Land Horace McFarland， 1859—1948 年）提出："国家公园在数量上和范围上都远远不足。""应当由国会保证其不可侵犯，全国现有景观资源都应当作十分重要的国家资源，给予高度重视和保护。"他和其他一些人士努力游说国会，对 1916 年通过立法建立美国国家公园管理局，加强国家公园的保护和发展，起了巨大的推进作用。

第二阶段为成型阶段（1916—1932 年）。1916 年立法成立了美国国家公园管理局，制定了以景观保护和适度旅游开发相结合的基本政策，并积极扩大各州州立公园体系，以缓解国家公园的旅游压力。同时开展历史文化资源保护工作，美国全境开始形成国家公园体系。

第三阶段为发展阶段（1933—1940 年）。1933 年，美国将林业局、国防部等所属的国家公园和纪念地划归国家公园局管理，大大增加了国家公园体系的规模。与此同时，组织完成了大批国家公园和州立公园的保护和建设工程。1935 年和 1936 年又分别通过了《历史纪念地保护法》和《公园、风景路和休闲地法》，进一步加强了国家公园管理局对自然资源与历史文化的保护管理力度。

第四阶段为停滞与复兴阶段（1941—1963 年）。美国国家公园体系建设因第二次世界大战而停滞，战后随旅游业兴旺而迅速发展。1956 年起，用 10 年着力改善国家公园的基础设施和旅游服务设施。

第五阶段为注重生态及历史人文保护阶段（1964—1985 年）。随着公众对生态环保的重视，国家公园管理局在资源管理上加强了生态系统的保护工作，如逐步消除外来树种，不再对野生动物进行喂养等。在此期间，颁布了一系列环境保护及历史人文保护法律法规，对国家公园的保护发挥了重要作用。

第六阶段为功能拓展阶段（1986 年至今），国家公园的科学研究、科普教育等功能得到了进一步强化，国家公园体系成为进行环境、科学、历史教育的重要场所，丰富了国家公园体系的内涵与功能。

2.3 美国国家公园的法律基础

100 多年以来，美国的一系列立法及相关政策，为国家公园的发展和公园自然人文资源的保护奠定了坚实的基础。1872 年，美国立法（《黄石国家公园法》）建立了第一个国家公园，通过立法"保护所有林木、矿藏、自然遗产，保护公园里的奇景，保持公园的自然状态"。

1906 年颁布《森林保护法》。

1906 年制定的《古迹法》，将"历史遗迹、历史和史前建筑以及其他有历史、科学价值的遗存作为国家纪念地"。

1916 年颁布《组织法》成立美国国家公园管理局，"改善和规范国家公园、国家纪念地、国家保护区的联邦土地的利用方法和手段。确定美国国家公园等的目的是保护风景、自然、野生和历史遗迹，让人们以保护的态度和方法来欣赏，并得到子孙后代的永续利用。"

另外，美国还制定了《历史纪念地保护法》（1935年）、《荒野地法》《土地和水资源保护法》《野生动物保护法》（1964 年）、《物种保护法》《历史保护法》（1966 年）、《自然风景河流法》《国家小径系统法》（1968年）、《国家环境政策法》（1969 年）、《国家公园娱乐法》《国家公园系列管理法》（1998 年）等，对国家公园及国家公园体系的标准、内容、保护、管理、利用等制定了全面、详细、明确的立法规定。根据发展的需

要，还对有的法规进行修订与完善，如 1916 年制定的《国家公园管理基本法》，分别在 1970 年和 1978 年进行了修正。

美国国会针对每一个国家公园的情况，分别立法，使其既符合国家总体自然与人文资源保护原则，又符合每个国家公园具体情况，从而保证国家公园及国家公园体系得以永续地发展与利用。2016 年，在纪念美国国家公园管理局成立 100 周年之际，美国国会开始拟定新的法案，以进一步提高国家公园的质量与水平。

2.4　美国国家公园与国家公园系统

美国国家公园系统有 60 个国家公园，而广义的国家公园则包括国家历史公园、国家休闲游乐区、国家保护区等 20 个类型 400 多个，总面积 34 万平方公里，由美国国家公园管理局负责管理。

表 1　美国国家公园名录（根据成立年份排序）（资料来源：National Park System）

序号	名　称	所在州	成立年份	面积（平方公里）
1	黄石国家公园（Yellowstone National Park）	怀俄明州（Wyoming）、蒙大拿州（Montana）、爱达荷州（Idaho）	1872	8983.2
2	红杉及国王峡谷国家公园（Sequoia & Kings Canyon National Park）	加利福尼亚州（California）	1890	3502
3	优胜美地国家公园（Yosemite National Park）	加利福尼亚州（California）	1890	3082.7
4	雷尼尔山国家公园（Mount Rainier National Park）	华盛顿州（Washington）	1899	956.6
5	火山口湖国家公园（Crater Lake National Park）	俄勒冈州（Oregon）	1902	741.5
6	风洞口国家公园（Wind Cave National Park）	南达科他州（South Dakota）	1903	137.5
7	维德平顶山国家公园（Mesa Verde National Park）	科罗拉多州（Colorado）	1906	212.4
8	冰川国家公园（Glacier National Park）	蒙大拿州（Montana）	1910	4101.8
9	洛基山国家公园（Rocky Mountain National Park）	科罗拉多州（Colorado）	1915	1075.6
10	哈雷卡拉国家公园（Haleakala National Park）	夏威夷州（Hawaii）	1916	134.6
11	夏威夷火山国家公园（Hawaii Volcanoes National Park）	夏威夷州（Hawaii）	1916	1348

（续表）

序号	名　称	所在州	成立年份	面积（平方公里）
12	莱胜火山国家公园（Lassen Volcanic National Park）	加利福尼亚州（California）	1916	431.4
13	德纳里国家公园（Denali National Park）	阿拉斯加州（Alaska）	1917	19185.8
14	阿卡迪亚国家公园（Acadia National Park）	缅因州（Maine）	1919	198.6
15	大峡谷国家公园（Grand Canyon National Park）	亚利桑那州（Arizona）	1919	4862.9
16	锡安国家公园（Zion National Park）	犹他州（Utah）	1919	595.8
17	热泉国家公园（Hot Springs National Park）	阿肯色州（Arkansas）	1921	22.5
18	布赖斯峡谷国家公园（Bryce Canyon National Park）	犹他州（Utah）	1928	145
19	大提顿国家公园（Grand Teton National Park）	怀俄明州（Wyoming）	1929	1254.7
20	大沼泽地国家公园（Everglades National Park）	佛罗里达州（Florida）	1934	6106.4
21	大烟山国家公园（Great Smoky Mountains National Park）	北卡罗来纳州（North Carolina）、田纳西州（Tennessee）	1934	2214.2
22	希南道国家公园（Shenandoah National Park）	弗吉尼亚州（Virginia）	1935	806.2
23	奥林匹克国家公园（Olympic National Park）	华盛顿州（Washington）	1938	3733.8
24	皇家岛国家公园（Isle Royale National Park）	新墨西哥州（New Mexico）	1940	2314
25	国王峡谷国家公园（Kings Canyon National Park）	加利福尼亚州（California）	1940	1869.2
26	猛犸洞国家公园（Mammoth Cave National Park）	肯塔基州（Kentucky）	1941	218.6
27	大弯曲国家公园（Big Bend National Park）	德克萨斯州（Texas）	1944	3242.2
28	卡尔斯巴德洞窟国家公园（Carlsbad Caverns National Park）	新墨西哥州（New Mexico）	1944	189.3
29	维京群岛国家公园（Virgin Islands National Park）	美属维京群岛（United States Virgin Islands）	1956	60.5
30	化石森林国家公园（Petrified Forest National Park）	亚利桑那州（Arizona）	1962	895.9
31	峡谷地国家公园（Canyonlands National Park）	犹他州（Utah）	1964	1366.2
32	贵达罗佩山国家公园（Guadalupe Mountains National Park）	德克萨斯州（Texas）	1966	349.5
33	北喀斯喀特国家公园（North Cascades National Park）	华盛顿州（Washington）	1968	2042.8
34	海岸红杉国家公园（Redwood National Park）	加利福尼亚州（California）	1968	562.5
35	圆顶礁石国家公园（Capitol Reef National Park）	犹他州（Utah）	1971	979

（续表）

序号	名 称	所 在 州	成立年份	面积（平方公里）
36	拱门国家公园（Arches National Park）	犹他州（Utah）	1971	310.3
37	探险家国家公园（Voyageurs National Park）	明尼苏达州（Minnesota）	1971	883
38	西奥多·罗斯福国家公园（Theodore Roosevelt National Park）	北达科他州（South Dakota）	1978	285.1
39	崎岖荒山国家公园（Badlands National Park）	南达科他州（South Dakota）	1978	982.4
40	海峡群岛国家公园（Channel islands National Park）	加利福尼亚州（California）	1980	1009.9
41	比斯坎国家公园（Biscayne National Park）	佛罗里达州（Florida）	1980	700
42	北极之门国家公园（Gates of the Arctic National Park）	阿拉斯加州（Alaska）	1980	30448.1
43	克拉克湖国家公园（Lake Clark National Park）	阿拉斯加州（Alaska）	1980	10602
44	冰川湾国家公园（Glacier Bay National Park）	阿拉斯加州（Alaska）	1980	13044.6
45	科伯克山谷国家公园（Kobuk Valley National Park）	阿拉斯加州（Alaska）	1980	7084.9
46	凯特迈国家公园（Katmai National Park）	阿拉斯加州（Alaska）	1980	14870.3
47	兰格尔·圣伊利斯国家公园（Wrangell-St. Elias National Park）	阿拉斯加州（Alaska）	1980	33682.6
48	基奈峡湾国家公园（Kenai Fjords National Park）	阿拉斯加州（Alaska）	1980	2710
49	大盆地国家公园（Great Basin National Park）	内华达州（Nevada）	1986	312.3
50	干龟国家公园（Dry Tortugas National Park）	佛罗里达州（Florida）	1992	261.8
51	美属萨摩亚国家公园（National Park of American-Samoa）	美属萨摩亚（American Smoa）	1988	33.4
52	死亡谷国家公园（Death Valley National Park）	加利福尼亚州（California）	1994	13650.3
53	约书亚树国家公园（Joshua Tree National Park）	加利福尼亚州（California）	1994	3199.6
54	仙人掌国家公园（Saguaro National Park）	亚利桑那州（Arizona）	1994	371.2
55	卡尼松黑色峡谷国家公园（Black Canyon of the Gunnison National Park）	科罗拉多州（Colorado）	1999	124.6
56	古亚霍加山谷国家公园（Cuyahoga Valley National Park）	俄亥俄州（Ohio）	2000	131.8
57	康格利国家公园（Congaree National Park）	南卡罗来纳州（South Carolina）	2003	107.4
58	大沙丘国家公园（Great Sand Dunes National Park）	科罗拉多州（Colorado）	2004	433
59	尖顶国家公园（Pinnacles National Park）	加利福尼亚（California）	2013	108
60	大拱门国家公园（Gateway Arch National Park）	密苏里州（Missouri）	2018	0.8

2.5 美国国家公园的规划

为切实保护国家公园的资源与环境，合理开发建设和科学管理，自 1910 年起，美国就开始进行国家公园的规划。1921 年，美国国家公园管理局成立丹佛规划设计中心（Denver Service Center），开始系统地进行国家公园规划设计的专业研究与编制工作。

2.5.1 美国国家公园规划编制的原则

1. 科学性

对国家公园的资源保护、利用，建立在充分的、多学科的、综合性的科学研究分析基础上，并在公园规划从宏观（包括与全球、国家、区域的关系）到微观的具体细节中，提出各种理性的选择，通过比较、分析从中归纳出最科学、合理的方案。

2. 公众参与

1969 年制定的《国家环境政策法》中，明确规定了公众参与机制。美国国家公园管理部门积极广泛征求游客、公园周围社区居民、与公园地域传统文化有关者、科学家和学者等的意见，以优化公园对公众的服务，并使国家公园的生态、文化和社会经济能够可持续发展。

3. 目标调整

国家公园制定与实施可量化的长期和近期目标，公园管理人员通过对公园资源条件、游客体验、规划实施途径、效果等的不断监测及新的知识、新的未预见因素的研究等，对规划作适当的调整，使公园的规划更科学、完善。

2.5.2 美国国家公园规划的主要内容

美国国家公园规划的主要内容包括公园的功能、范围与目标，资源保护措施，符合保护要求的开发活动内容与规范，量化的长期发展规划和年度实施报告。

国家公园规划对各个国家公园的主题类型是否具代表性，空间分布是否合理，有什么保护空缺，开发利用有何新动向与问题，怎样应对新的保护地设立，如何吸收新知识和没有预见的因素等，不断调研、总结，提出切实的改进意见与措施。

2.5.3 美国国家公园规划体系

美国国家公园规划体系包括总体管理规划、战略规划、实施规划和年度规划。国家公园系统中的每个单位都有总体管理规划，由多学科的工作组、联邦和州机构、团体和公众合作编制。总体管理规划一般 10—15 年修改一次，战略规划是对总体管理规划的细化和量化。

整个规划体系编制目标与内容、程序等均以科学的分析为基础，以相应的法律为依据，强调编制过程中的公众参与和环境影响评价，以提高规划编制的科学性与可行性，保证国家公园资源与环境永续良好发展。

2.6 美国国家公园的管理

1916 年，美国立法成立国家公园管理局，国家公园系统由联邦政府内政部下属的国家公园管理局直接管理。国家公园体系组成单位所在地政府无权管理，连公园治安也由国家公园管理局直接管理。很多由其他机构、组织或个人对重要的自然、文化资源进行的成功管理，国家公园管理局是提倡和鼓励的，这些地区就不纳入国家公园系统。

国家公园的管理目标通过国家公园体系和每个国家公园的战略计划、一般管理计划、实施计划、公园年度绩效报告来实现。国家公园管理局丹佛服务中心，负责美国国家公园系统具体的规划、设计和建设管理。

1916 年的《国家公园管理局组织法》、1970 年的《国家公园管理局一般授权法》及 1998 年的《国家公园管理局系统管理法》等法案，对国家公园的管理提出了一系列明确的规定。

1. 管理的最高宗旨

在切实保护好国家公园的自然与人文资源前提下，为国民提供旅游、休憩、科普服务。

2. 管理的主要内容

美国国家公园的管理内容主要包括以下几方面。

（1）制定政策；

（2）编制公园系统规划、各公园五年战略规划、年度实施计划和年度实施报告；

（3）对公园土地严格保护；

（4）维护公园自然资源（包括空气质量、自然光、自然声音、莽原等）、自然过程、自然系统（包括自然火灾），恢复和永久保留自然资源内在完整性；

（5）通过各种研究与举措，保护历史文化资源；

（6）坚持环境评估，改善本地区环境，达到环境协调最高标准，促进可持续发展；

（7）开展公园资源及欣赏价值的科普教育，拓展公园资源保护的公共支持；

（8）提供资源保护和游览需要的简要设施（包括残疾人通行设施），使设施与公园资源和谐统一；

（9）提供公众可共享的信息；

（10）与州政府、地方政府、组织、部落、个人及有关的联邦机构进行合作，协商解决公园外影响公园保护的活动等。

3. 美国国家公园管理经费

美国国家公园是非营利的公益单位，经费主要靠国会拨款，门票价格很低。公园内的服务经营，严格按《改善国家公园管理局特许经营管理法》等规定实施；其经营规模、地点由国家公园管理局确定，有限收入的一部分上缴用于公园保护。

4. 管理新趋势

近些年来，美国国家公园在资源保护、科学研究、规划设计、经营管理和组织导游等方面进行了一些新的探索。如更重视从长远角度来保护自然、文化资源；采用现代管理技术，对具有重要意义的资源进行认真细致的科学研究，确定保护、管理方法；进一步鼓励保护和管理不属于国家公园体系的自然、文化资源；强化游览指导和服务，扩大国家公园对公众的影响，促使人们提高环保意识；探寻游人量迅速增长，新游览项目增设后对公园自然平衡破坏的解决方法；研究解决酸雨、濒危种群、古迹损毁、水污染、企业要求在国家公园内采矿的压力、脆弱生态系统等对资源有重大危害的问题，并

通过国际交流合作，强化对资源的保护管理。

2.7　美国国家公园的开发利用和保护

美国国家公园在严格保护原生境自然资源的前提下，积极开发旅游、科研、科普活动。并通过对国家自然环境和自然资源的深入研究，为环保、医学、生物、经济等领域的发展，不断作出新的贡献。

为了保护国家公园的自然资源的可持续性，必须严格控制对其的开发利用。大多数美国国家公园，仅向游客开放少部分园区。公园内可开车的道路不多，而步行小径较多。

除了必要的风景资源保护设施外，公园提出必不可少的、适当的、不影响公园资源保护的行政管理设施和旅游设施，只允许建造少量、小型、朴素、分散的旅游服务设施。建筑外形原始、粗犷、色彩淡雅，并远离重点景观保护地。对于游客活动，在不影响自然资源和环境保护的前提下，尽量创造便于游览的条件与设施，如旅游服务中心的义务咨询服务、观景车道和长短各异的步行小径、露营地和相应的服务、旅行、健身、休憩活动的必要用品的销售、简单的餐饮、洗手间等。同时，国家公园对游人住宿的旅馆床位和野营床位的数量严格控制，对游客量也有控制。

公园内所有自然资源得到严格保护，不能喂食野生动物，更不能追捕猎杀。

另外，公园有污水处理厂、垃圾转运站等完善的环保设施。不同的国家公园，各有其保护自然、人文资源的因地制宜的特别立法规定。

为了保护国家公园的自然资源和自然环境，多半将国家公园分为自然保护区、科研区、缓冲区和休闲游览区几部分。其中自然保护区基本不允许进入，保证原始自然生境不受人的干扰。科研区一般仅允许少数相关科研人员进入，休闲游览区对公众开放，有少量游览交通服务设施。游客在公园内可开展哪些游览、健身活动以及活动的范围，各国家公园有明确规定。

2.8 美国国家公园的科研和科普工作

2.8.1 科研工作

美国国家公园系统依靠众多科学家，对公园的设立、规划、保护、利用和管理的持续研究，为国家公园各管理层的决策提供了充分的科学依据。科研内容包括生态保护和恢复、生物多样性保护和恢复、防止或减少外来物种入侵、病虫害防治、火灾控制、资源合理利用、历史文化研究、游客利用影响、国家公园与地方、区域和国家经济的关系、国家公园自然文化资源的有效性管理等。

2.8.2 科普工作

1. 科普工作的组织管理

美国国家公园将科普工作列为公园的重要工作之一。国家公园管理局对国家公园的科普工作直接进行领导、规划和审查，并为国家公园系统内部所有的信息介绍制定标准。

国家公园管理局、各地区局、各个国家公园总监、首席解说员和现场解说员（包括志愿者解说员）等组成了国家公园科普宣传教育工作管理体系。所有讲解员都经过培训和认证。

为了向公众提供最新、最准确的信息，公园资源管理人员、讲解员与科学家、社会学家、历史学家、人类文化学家、考古学家和教育专家常进行交流对话。

2. 科普宣教方案制定的依据和主要内容

每个国家公园都制订了科普工作规划、综合讲解规划和实施方案，包括长期讲解规划、年度讲解规划。计划方案的制订均以资源与价值为依据，以科学、历史的学术研究及对游客需求和行为的研究为基础。科普宣教的内容，主要包括国家公园资源内涵及重要性，国家公园系统的发展宗旨和管理目标，国家公园立法，国家公园自然历史资源保护原则和科学技术，以及国家公园游览范围、内容向导和注意事项等。

3. 开展科普工作的方法手段

国家公园通过游客服务中心和博物馆提供的公园资料、出版物、实物样品等的展示，和导游、讲解、讲座、表演、电影、网页等多种手段，向游客提供深入浅出、生动有趣的科普服务。

除了提供面对面的讲解服务外，还提供无须工作人员在场的服务（包括免费资料、音响、视频、网上服务等）。国家公园管理局也设立了官方网站，提供所有国家公园信息。各个国家公园也有自己独立的网站服务，提供详细具体的公园介绍和导游专著信息，游客可在前往游览前进行充分的准备。

国家公园还尽可能地发挥志愿者、友好团体等的作用，帮助国家公园工作人员开展科普宣教服务工作。

4. 特殊对象的科普教育

美国国家公园除了对一般游人开展相应的科学教育工作外，还针对残障人、儿童、老人、非英语系国家游人及经济条件较差者等的特殊需要，提供针对性的、便捷的科普教育服务，包括提供盲文、大号字体、多种语言译文资料、翻译耳机等。

2.9 美国国家公园掠影

美国有众多国家公园，各具代表性的原生态自然特征，天然资源和自然景观丰繁，不胜枚举，这里只能选一些略作介绍。

2.9.1 神秘的国家名片——黄石国家公园

黄石公园是美国，也是世界上第一个国家公园，1872年成立，位于怀俄明州、蒙大拿州、爱达荷州交界处，占地8983.2平方公里，是一个综合性的地质公园，尤以众多且各具特色的温泉闻名于世，也是美国最大的国家级野生动物保护区。1978年被列为世界自然遗产。

公园的地下蕴藏着直径70公里，厚10公里的岩浆，在不断地膨胀上升和喷发，形成3000处热泉，其中有300余处间歇喷泉，占地球间歇喷泉总数的一半。公园里升起团团水雾热气，空气中弥漫着硫化氢的气味，硫磺把岩石染成黄色。喷泉中有水色碧蓝的"蓝宝石喷泉"，有喷发前声声吼叫的"狮群喷泉"，而最著名的"老忠实喷泉"，年复一年每隔半小时至一小时左右喷出 40—60 米高的温泉水。公园的玛莫斯温泉，冷却结晶成层层洁白的台阶状石灰岩，晶莹剔透。

公园里的黄石湖，面积 353 平方公里，岸线长 180 公里，是北美最大的高原湖；湖面海拔 2358 米，是美国国家公园中最高的湖。而黄石河奔涌形成上下两道的黄石瀑布，将山岩切成黄石大峡谷，两侧的峡壁呈红、黄、白相间之色。

这里有终年白雪覆顶的群山、浩瀚苍劲的森林、开阔葱翠的草原，有众多野牛（2016 年 5 月被定为美国国兽），还有麋鹿、驼鹿、马鹿、美洲大角鹿、猞猁、黑熊、美洲狮等 200 多种野生动物，白头海雕（美国国鸟）、美洲鹤、野天鹅等 300 余种鸟。

公园有 1100 种原生植物，1988 年一场空前的大火烧毁了公园约 1/3 树木，至今仍有大片枯焦的树干林立，然又长出了许多新树，呈现出生生不绝的顽强气概。

三千热泉竞喷涌，
烟雾飘拂似梦中；
焦木不倒新树立，
春风夏雨呈新容。

公园里 500 多公里的环山公路和 1500 公里徒步小径，可供游客选择深入游览。

黄石国家公园汇聚了各种特色风貌和自然奇景，成为最美的国家名片。（见图 1—图 9）

2

3

6

7

8

9

2.9.2　巨人世界的森林——红杉及国王峡谷国家公园

"世界爷"红杉，曾经是 2 亿年前广泛分布在北半球的代表植物，现仅存于美国加利福尼亚州海滨沿岸等地带。这里的百年以上树龄的红杉占地面积有 170 多平方公里。1890 年在此成立国家公园，面积 3502 平方公里，1980 年列为世界自然遗产。

公园里的红杉树，高多半有 70—80 米，树龄 800—4000 年。其中一株名为"薛尔曼将军"（General Sherman Tree），高 83.8 米，树干近地周长 31.3 米，树重达 1385 吨，是当今地球上最大的单体生物。虽树龄已有 2000 多年，仍生长旺盛，年增长体积相当于一株高 18 米、胸径 30 厘米的大树。另一株名为"格兰特将军"（General Grant Tree）的红杉，高 81.5 米，树干周长 32.8 米，1926 年被命名为"国家圣诞树"，每年要在树下举行欢庆仪式。

> 顶天立地世界爷，
>
> 千里携手面大海；
>
> 俯视人间三千载，
>
> 雄姿挺立傲原野。

这一株株、一排排、一片片耸入云天的巨杉，历经千年沧桑，脚踏大地，头顶苍穹，以其雄伟而俊俏的风采，显示了生命的神奇魅力。在这高山深谷的红杉、冷杉、糖松、美国黄松林中，以及野花盛开的草地上，聚集着郊狼、黑熊、麋鹿、红猫等上百种哺乳动物和金雕、海鸥、猫头鹰等 300 多种鸟。公园西侧 55 公里的太平洋沿岸，常可看到海豹、海狮、灰鲸等。

公园东部是美国本土海拔最高处，有美国本土第一高峰惠特尼峰和美国本土第二深谷凯林峡谷。公园西部地势较低，多河流、湖泊、草地和红杉林。（见图 10—图 15）

11

12

13

14

15

2.9.3　秀丽如画的自然风光——优胜美地国家公园

　　优胜美地国家公园是美国景色最美的山岳国家公园之一，位于加利福尼亚州中部，面积3082.7平方公里，1890年成立，1984年被评为世界自然遗产。

　　公园山体在地壳变异、冰川、流水、风力、植被等的作用下，形成高差千余米、巨大如屏的悬崖岩壁，形成众多角峰、刀脊、悬谷、漂砾和天生石拱桥等，地势高低落差3000多米。世界上最大的整块花岗岩——"酋长石"，以1095米高、90度的垂直崖壁，矗立在麦斯德河畔，成为公园的地标之一。众多垂直高差1000—1500米的峭壁悬崖和上千条攀岩线路，成为世界攀岩爱好者的"圣地"。这里有几百条瀑布、3000多个翡翠般的湖泊，上万公里清澈的河流与溪流。在这世界上瀑布最密集的地方，"优胜美地"瀑布3级总落差739米，是北美最高、世界排名第二的瀑布。"缎带瀑布"，落差高达492米。"新娘面纱瀑布"细长飘逸、格外娟秀。飞流直下的瀑布在潭底溅起浓雾映成美丽的彩虹。

　　公园里有众多巨大的红杉，许多树龄达1000年，最大的一株已有3800年高龄，开洞的树干可通马车。春天，高原草甸上大片杜鹃、百合、羽扇豆、万寿菊花色鲜艳；夏天，赤莲、贝母、尼龙蓝迎风欢舞；秋天，满山遍野的白杨、山茱萸、栎树红得如火如荼；冬天，红拳头似的赤血藤与洁白的冰雪相映成趣；白皮松、黄松、雪松、黑橡树、红冷杉四季苍翠葱郁。迷人的高山草甸和清澈的湖水边，1300多种植物及黑熊、美洲狮、黑尾鹿、郊狼等上百种珍稀野生哺乳动物、200余种鸟栖息在此，生机勃勃。高耸的雪山、光滑的岩壁、波光粼粼的湖泊、茂密的森林、青翠的草坪，大自然的众多美景，在此完美组合，圣洁、静谧、令人神往。（见图16—图21）

19

20

21

2.9.4 风光万千的佳景——雷尼尔山国家公园

雷尼尔山国家公园位于美国西北部华盛顿州喀斯喀特山脉，占地 956.6 平方公里。1899 年成立，距西雅图 2 个小时车程。

这里群山连绵、冰川纵横、森林苍劲、湖泊静谧、野花遍地。雷尼尔山是美国本土最高的火山（海拔 4800 米），是全世界登山爱好者向往的圣地之一。积雪的山峰比周围山脉高出 2500 米，形似富士山，是华盛顿州的地标。登上山顶，可远眺太平洋沿岸的壮丽景色。俯视周围，群山常隐没在雾海之中，露出的高耸山峰，像海中的浮岛，气势浩然。

雷尼尔山具有除阿拉斯加以外最大的冰川系统，有 26 条冰川，覆盖了公园总面积的 10%。当夏季来临之时，融化的冰雪汇成湍急的溪流、倾泻的瀑布和 50 多条河流。

山中的湖泊，则平静似镜，湛蓝洁净。

公园里落差明显的海拔和气温，造就了丰富多彩的植物群落，雪松、白皮松、黄松、冷杉、铁杉、红杉树下艳丽的雪莲、紫菀、毛茛、兰花、羽扇豆等数十种姹紫嫣红的野花，开得满山遍野。许多树的树龄已有千年以上，高达百米，1893 年这里被定为古森林保护区。

黑熊、驼鹿、豪猪、海狸、红狐狸、美洲狮等 50 余种野生哺乳动物和 100 余种美丽的鸟，在山林中和草甸上悠然自得地生活。

公园全年开放，每年吸引 200 万人次的游客前往登山、游览、散步、野营、钓鱼、滑雪。春夏秋冬，晨曦晚霞，阳光和云雾中，雷尼尔山的风光千变万化、神秘而瑰丽，似人间仙境摄人心魄。（见图 22—图 27）

25

26

27

2.9.5 冰川涌动的天地——德纳里国家公园

德纳里国家公园位处阿拉斯加州中心地区，是阿拉斯加州8个国家公园中最早成立（1917年）、最著名、交通最便利的（其他7个国家公园1980年成立）。面积19185.8平方公里，其中16%被冰川覆盖。公园里的德纳里山（原名麦金莱山，2016年改为现名，是爱斯基摩语"高之冠"之意。）高6193米，为北美最高。因从609米拔地而起，垂直落差甚大，显得很高。这里的树木以云杉、桦树和白杨为主，受年复一年冰雪的影响，云杉树长得歪斜，似喝醉了酒般。林中植物种类丰富，650余种开花植物争奇斗艳。这里有灰熊、大角鹿、狼、狐狸、大角羚羊、山猫等几十种野生哺乳动物和白头海雕、金鹰、雷鸟等160多种鸟。公园保留了原住民当年的居屋和捕鱼、狩猎的工具。适当的时候，还会有幸看到神奇艳丽的北极光。

这里有公路和旅行专用火车进入，还有140公里的公共巴士前往各处景点（不少区域为减少污染而禁止自驾车进入），另有14条长短各异（0.5—25公里）的山林步行小径，公园边上还有几个小飞机机场。

公园门票票价低廉，有供老人使用的自驾车，每辆车费5美元，2周内可随便进出。（见图28—图33）

When you think of **Denali,** picture it at the **center,** not the edge. It receives the **whole world** and sends **ambassadors** around the globe.

Denali National Park and Preserve

2.9.6 海阔天空的峡湾——阿卡迪亚国家公园

美国东北部缅因州的大西洋海边有许多岛屿，1919 年这里成立了国家公园，是密西西比河以东第一个国家公园，也是美国东北部唯一的国家公园。公园面积 198.6 平方公里，由 3 个岛屿和半岛组成。岛周有深邃的峡湾、壮观的潮汐、茂密的森林。这里有美国东部的最高峰，又是全美最早看到日出之地。整个公园森林密布，野生动植物种类丰富，保护良好，是夏季避暑胜地，2004 年被评为美国十个最受欢迎的国家公园之一。

从山顶山坡到岸边，可远眺蓝天、云海、红霞、海峡、海岛、海鸟，浩瀚湛蓝的大海，拍打礁石溅起阵阵浪花。走向沙滩，可游泳、嬉水、垂钓。登上游客中心荒山岛的东北处观看海上日出，更令人心旷神怡。

乘游艇出海，可近观海浪中鲸鱼翻腾、喷水，可观赏海豹、海豚、濒危的鱼鹰和白头海雕、燕鸥等的英姿，可欣赏到五座百年耸立的灯塔，还有随潮起潮落在水中生活着的海星、海螺、海葵等众多艳丽的水生生物。

沿着公园 193 公里的林间小径，到处是古木参天、长藤板根、蕨草苔藓。风雪雷电击倒的大树任其横斜、随它腐烂，朽木上附生着野菇香草。红、橙、白、绿的红枫、白杨、白桦、云杉、铁杉、雪松季相分明，相映生辉。林中湖泊如镜，小溪水流淙淙，鱼儿窜动，松土上满铺落叶，野兔、松鼠在轻快地跳跃，枝叶光芒之间，275 种鸟在飞翔欢鸣。乘上全程 33 公里的游览车，可以愉快地欣赏沿途风光，还可骑马、滑雪、垂钓等。

公园的生态保护由来已久，18 世纪时，公园山顶上原有一所旅馆，小火车可直达山顶，但仅过了 7 年，就在众人反对下全部拆除。如今在山顶的裸岩上，围起了低矮的木栏，明示保护其中的生物。公园只设简单的路标和质朴的咨询、用厕建筑，几座木屋淹没在林海之中。而岛上紧贴公园的 3 个小镇，吃、住、娱乐、购物一应齐全，鲜活的缅因龙虾更是价廉味美。这里环境幽静，氛围轻松，许多游客在此一住就是一两个星期。租一辆车，买张 20 美元的门票，两周内可自由出入。（见图 34—图 37）

34

2.9.7 雄伟壮观的峡谷——大峡谷国家公园

举世闻名的大峡谷荣居世界七大自然奇景之首，位于亚利桑那州北部沙漠地带。1919 年成立国家公园，面积 4862.9 平方公里，1979 年被列入世界自然遗产。

自古以来，由于地质变迁，河流冲刷、风化侵蚀等，这里形成了宽 10—29 公里，深 1.6 公里，长 349 公里迂回盘旋的大峡谷，科罗拉多河在谷底急流涌进。峡谷有的地方开阔舒缓，有的地方窄如一线；深谷两侧刀削斧劈似的峭壁，清晰地呈现出层层亿万年连续沉积的红、棕、黄、白、灰、紫、黑等不同色彩的岩石，并随着天气的阴晴，不断变幻。规模巨大、绵延曲折、似乎没有尽头的绝壁、台地、峡谷景观，气势恢宏、十分壮观。这里有众多野生动植物，有史前人类与印第安人聚居过的遗迹，有陨星撞击的大坑，有硅化木的集群。

雄伟神奇的大峡谷，如无始无终的历史大道，令人感悟到纯洁与无限，令人畅襟抒怀，使人们在与自然的交流中心灵得以净化。（见图 38—图 43）

火烧赤壁三百里，

层层叠叠接天际；

峡谷峭壁尽恢宏，

鬼斧神工惊天地。

38

40

41

2.9.8 红白砂岩的天堂——锡安国家公园

锡安国家公园位于犹他州西南高原区，1919年成立，面积595.8平方公里，又称天堂国家公园。公园的山岩陡峭，属砂岩、石灰岩及沉积岩，红白相间，外形雄浑大气。维琴河穿越山峡，两岸林木繁茂。沿24公里长、800米深的峡谷漫步，可见许多恢宏、奇特的岩体，如著名的"看守人""大拱门""天使降落""白色宝座"等。维琴河畔，矮松、桧柏、三角叶杨、柳树、羽叶枫、接骨木等郁郁葱葱；峡谷底部，有奇艳的北美山艾、仙人球、美国曼陀罗、火焰草等；在海拔1200—1700米的中层，有沼泽松、杜松、岩崖玫瑰、花楸、矮栎、丝兰等；高处则以西部黄松、白杨为主。公园内有非洲狮、骡鹿、灰狐狸等70余种哺乳动物，金雕、美国杜鹃鸟等280余种鸟及响尾蛇、蜥蜴、树蛙等爬行动物。

为降低交通压力，每年4至10月公园内采用公交区间车代替私家车安排游览，另外，有长短各异的步行小径240公里可沿途观景。（见图44—图48）

44

45

46

47

48

2.9.9　万千石柱的奇观——布赖斯峡谷国家公园

在犹他州西南部，有一片由数千个岩柱组成，绵延 36 公里的峡谷——布赖斯峡谷。1928 年建立国家公园，面积约 145 平方公里。

垂直节理的岩柱，呈红、橙、白色，是千万年以来地质变迁及风雨冰雪侵蚀所致；通红似火的岩体，是含铁、锰岩石长期暴露在空气中氧化而成。

这大片石柱阵，似人、似兽、似神、似迷宫，在阳光照射下呈现出奇幻的神秘色彩。大跨度的天然石桥、多孔洞的天然石墙，呈现出令人惊叹的神斧天作。

除了陡峭的石柱，这里高处有科罗拉多冷杉、云杉、黄杉、狐尾松、刺果松；低处有沼泽松、花楸、桧树、白杨、三角叶杨、白桦；中层有蓝云杉、美国黄松等森林和草原，骡鹿、马鹿、红猫、黑熊等时有出没。金鹰、猫头鹰、啄木鸟等 160 多种鸟常来去翱翔。

公园有北美最暗的夜空，可用肉眼看到约 7500 颗星星。

登上海拔高 2775 米的山顶，可眺望周边数百公里的风景；可沿着数十公里的景观道路，观赏各种神秘、美妙的自然景观，领略、感悟天地万物的无穷神韵。（见图 49—图 52）

50

51

52

2.9.10 雪山连绵的胜景——大提顿国家公园

大提顿公园位于怀俄明州西北部，1929 年成立，面积约 1254.7 平方公里。因其原始的野趣，优美迷人的景色被誉为"美国最秀丽的国家公园"。

进入公园，海拔 3000—4000 米高，形态各异的群山拔地而起。银白色的雪峰、绿色的峡谷、清秀的河流、美丽如画的高山湖泊、神秘的小道、长满野花的草地，以及不时呈现在你眼前的飞禽走兽，处处呈现出美丽的自然胜景。

这里多常绿乔木，也有柳树、白杨等落叶树。夏天，野花山谷中紫色的羽扇豆、勿忘我、蓝色的龙胆、红色的罂粟、黄色的山艾、香根等竞相争艳；秋天，到处是五颜六色、风味各异的越橘、红莓、蓝莓、黑莓。

公园里有世界上最大的麋鹿群，数量众多的美洲野牛、灵巧的蜂鸟；还有白头海雕、金雕、猫头鹰、啄木鸟、知更鸟、红胸雀、黄尾莺、云雀、白天鹅、白鹤等200 多种鸟与水禽。

每年夏天，有约 400 万人次的游客前来，沿着公园里的车道、约 320 公里的徒步小径、100 多公里自行车道及顺着蛇河乘筏子尽情游览。登上海拔约 4200 米高的大提顿山顶，可看到成群的鹈鹕在蓝天翱翔。尤其是连绵的雪山群峰在森林的拥抱中与珍尼湖水相映，景观相当优美，是大提顿的一大特色。（见图 53—图 58 ）

53

54

55

56

57

58

2.9.11　云雾缭绕的植物宝库——大烟山国家公园

据说，大烟山国家公园的植物品种比整个欧洲还多，多达 5500 余种。这个被命名为国际生物资源库的大烟山国家公园，位于田纳西州和北卡罗来纳州的交界处，阿巴拉契亚山脉中心，1934 年成立，面积约 2114.2 平方公里，1983 年被列为世界自然遗产。

著名的美国国家观光绿道"阿巴拉契亚小径"和蓝岭公园道穿越公园，沿途可饱赏原始的自然风光。公园的山间终年云雾缭绕、轻盈如纱、朦胧神秘。这里森林、湖泊、河流、瀑布密布，风景十分秀丽，每年游客高达上千万人次，是美国游客最多的国家公园。

山的上部以加拿大冷杉、云杉的针叶树为主，中下部以落叶阔叶树为主，如栎树、糖槭、山毛榉、枫香、红枫、黑桦、鹅掌楸等，被誉为"北美最美的落叶树森林"。公园有 1500 多种开花植物，春天，多姿多彩的野花漫山遍野开放；夏天，草地上杜鹃花鲜艳夺目，石楠属灌木开出洁白、粉红、紫红的花，交相辉映；秋天，各种落叶树的树叶变成红、橙、黄、褐、紫，异彩眩目，而常绿针叶树依然苍翠，与落叶树的七彩之变形成亮丽的对比。

种类丰富、保护良好的植物群落，为野生动物的生息提供了理想的生态环境。这里生活着美洲狮、黑熊、浣熊、红狐狸、野猪等 400 余种野生哺乳动物，鸟类 200 余种；蝾螈的种类近 30 种，为世界之最。

沿着河流，可以找到美洲原住民及早期开拓者留下的农舍、谷仓、水磨坊、教堂等遗迹。穿过森林密布的层层山峦，在海拔 2000 米高的山顶可以眺望公园全景。可沿长约 1300 公里的步行道远足、骑自行车、骑马。10 个露营地为游客的休息提供了方便，当然，也可以驾车观赏一路秀丽的风光。（见图 59—图 62）

2.9.12　典型的温带雨林——奥林匹克国家公园

奥林匹克国家公园位于美国西北角华盛顿州的西雅图市西部，太平洋边上的奥林匹克半岛上。这里有一大片世界上为数不多、景观独特的典型温带雨林。1938 年，美国国会立法确定建立奥林匹克国家公园，面积约 3733.8 平方公里，1981 年被列为世界自然遗产。公园由雪山、冰川、山区草地、海岸和雨林组成。在这片茂密的雨林中，上层是华盖如茵的北美云杉、加利福尼亚铁杉、西部红雪松、花旗松、冷杉、侧柏等常青树；中层是艳丽多彩的槭树、赤杨、大叶杨、红桤木等落叶树；下层是密密实实的矮灌木、酢浆草、薰衣草、蕨类、苔藓和地衣。山地草甸上，羽扇豆、百合、紫菀、雏菊、耧斗菜等争艳斗奇，植物种类达 1400 余种。

峡谷中有世界上最大的西部铁杉、冷杉、黄杉、花旗松、黄雪松、红雪松和红桤木，参天的大树平均高 60 余米，有的超过 90 米；庞大的森林和保存完好的古代植被一直延伸到太平洋海岸。奥林匹克山挡住了大陆冷气团，拦截了太平洋吹来的温暖、湿润的西南风，形成了高达 2000—3000 毫米的年降雨量，使雨林长得十分茂盛，高大的杉树和粗壮的槭树上悬挂着石松。麋鹿、灰熊、浣熊、红狐狸、猞猁等众多野生哺乳动物和 300 多种鸟及海豹、海狮、灰鲸等海洋动物在此生活、繁衍。

站在公园的山顶放眼眺望，群山连绵，湖面如镜，密林苍翠，条条冰川在阳光下发出清莹的蓝光。沿着 90 公里长的海岸线漫步，水天相连，浪花拍岸，峭壁粗犷，雾霭迷蒙。在海浪的不断冲击下，形成海蚀崖、海蚀穴、海蚀拱桥等。落日的余辉透过树林投下斑驳身影，波光粼粼的海面上，不时卷来海星、海胆于退潮时露出的礁石之间，此时此景，令人倍感陶醉。而长达上千公里的公园小径成为远足游览者的天堂。有人说，奥林匹克半岛有着海浪澎湃的黄金沙滩，苍翠茂盛的温带雨林，野花遍地的高山草地，冰雪覆盖的山峦群峰，生机勃勃的飞禽走兽，几乎提供了上帝需要的一切。公园东部寒冷的冰川和西部温暖的雨林，可同时感受到四季相应的自然风景。另外，奥林匹克山是座活火山，每隔 300—500 年会发生一次大爆发，呈现大自然的威力。（见图 63—图 70）

64

65

66

67

68

69

70

2.9.13　生机盎然的湿地——大沼泽地国家公园

在美国东南角大西洋边的佛罗里达州南端，有一片2万平方公里的湿地。1947年，其中约6106.4平方公里被辟为国家公园——大沼泽地国家公园，1993年列入世界自然遗产名录。这里到处生长着莎草、湿地松柏、柳安、栎树、棕榈等700余种耐湿植物。公园内湖泊、河流众多，广阔的湿地和周边良好的生态环境，形成美国本土最大的亚热带野生动物自然保护区。其中栖息着苍鹭、白鹭、朱鹭、白鹤、鱼鹰、兀鹰和从美国北部飞来的候鸟等400余种鸟。海牛、绿海龟、水獭、海豚、美洲鳄、鲨鱼、佛罗里达黑豹、白尾鹿、浣熊、猎鹰也时有所见。河湾、池塘里到处是甲壳类动物和大嘴鲈、鳟鱼等鱼类。

在公园的南部，也是美国国土的最南端，有着开阔曲折的独特的白沙滩和沙生植物。

公园由美国国家公园管理局和州政府联合保护和建设。2008年6月，州政府以17.5亿美元巨资收购公园北部美国最大的制糖业公司，6年内逐渐停止在沼泽中种甘蔗，从而进一步扩大、保护这个全美最大的湿地保护区，此举成为美国环保史上的"最大手笔"。

来到这生态景观独特的湿地公园，可坐独木舟或游船在带有标识的水道中穿行观赏，也可以在木栈道上徒步欣赏，还可在冬季沿着公园的公路驾车游览。有幸还能遇见海豚追船翻腾，与人同乐。（见图71—图77）

71

72

73

74

75

76

77

2.9.14 水火相融的世外桃源——夏威夷火山国家公园

1916 年，位于太平洋中央的夏威夷群岛中的"大岛"成立了夏威夷火山国家公园，面积约 1348 平方公里，1987 年被联合国列为世界遗产。

岛上有莫纳罗亚和基拉维厄 2 座火山，前者海拔高约 4169 米（从海底到山顶有 1 万米），自 1832 年以来每隔几年喷发一次，后者曾在 30 年内喷发 50 次，使山体不断长大、长高。这两座火山是美国唯一还在喷发的火山，也是世界上最活跃的火山，最近一次喷发是 2018 年 5 月。

公园最大的特点是熔岩的高流动性，在火山喷发的日子里，游客可目睹火红炽热的岩浆从山崖上滚滚而下，勇往直前地滑入大海，水火相融，惊心动魄！

翻越过火山山脊，又是另一番景象：林木茂盛，山花烂漫，一派热带雨林风貌。蓝天碧海、白云悠然、微风荡漾；阳光下一年四季散发出清香的各种奇花异草，烂漫地盛开在路边；夏威夷雁（夏威夷州州鸟）、夏威夷海燕、鱼鹰、白鹭、翠鸟等自由自在地飞翔；金灿灿的沙滩在摇曳的椰子、棕榈、菠萝的点缀下直铺入海；草裙舞的浪漫风情，渗入夏威夷的每一角落。

四季如春、阳光明媚、空气清新、景色秀丽，绝美的自然风景与浪漫激情的人文氛围，使得游客终年摩肩接踵，熙熙攘攘。马克·吐温说："世间没有一片土地可以像夏威夷那样令人魂牵梦萦"，这是他"到过的最美的地方"。猫王演唱的经典情歌多半与夏威夷有关，1961 年他主演的歌舞片《蓝色的夏威夷》的主题歌《圣洁的牧歌》已成为夏威夷的州歌。

由于离最近的大陆也有 4000 公里之距，从而使夏威夷成为与世隔绝的"世外桃源"，难怪美国人称夏威夷为"天堂"。（见图 78—图 84）

78

79

80

81

82

83

84

2.9.15 天然拱门的密集之境——拱门国家公园

犹他州科罗拉多高原上的拱门国家公园成立于1971年，占地约310平方公里，内有多达2000余座拱门般的天然砂岩石拱，是世界上风化拱门最密集之处。

在众多石拱门中，有一座世界上跨度最大的"景观拱门"（Landscape Arch），长93米，而拱门顶部的最薄处仅1.8米。"精致拱门"（Delicate Arch）恢宏、雄美，是犹他州的标志。其他较著名的有南窗拱门、双拱门、楼式拱门、地平线拱门等。

这些天然的石拱门，是亿万年漫长时光磨砺的杰作。

大自然将沉积的岩层变成高低起伏的山岳，又逐渐风化成狭长的断墙石壁，以后又在冰霜风雨的侵蚀下形成大大小小的孔洞。大的成"门"，小的像"窗"，充分显示了大自然的巨大威力和多姿多彩。

除了数量众多的天然石拱门外，这里还有巨大的平衡石、尖塔岩柱、方山、孤岭、石壁、石笋及石化沙丘等。岩石上有颜色对比强烈的纹理。这种种天然奇景耸立在大片沙漠中，成为规模宏大、令人惊叹的天然艺术博物馆。（见图85—图89）

85

86

87

88

89

2.9.16 荒漠与绿洲交织的极地——死亡谷国家公园

位于加利福尼亚州东南部的死亡谷国家公园，于1994年建立，是美国本土面积最大的国家公园（面积约为13650.3平方公里）。这里拥有北美大陆最低点（海拔−86米）、近距离最大的地势高差（3454米）、最炎热（夏天曾达56.7摄氏度）、冬夏温差最大、最干旱（内华达山等挡住了太平洋的湿气，年降雨量仅46毫米，是世界上除撒哈拉大沙漠之外雨量最少的地方）等独特的地质地貌气候特征。

死亡谷国家公园由南北走向的两座山脉与其中的山谷、盆地组成，内有雪山、峡谷、沙丘、洼地、湖泊、盐滩、溪流、瀑布、泉源等复杂的地形地貌。其黑漆漆的山崖、白茫茫的沙丘与盐滩，十分干热的环境，可怕的响尾蛇和蝎子，促使人们怀着好奇而敬畏的心情前来领略这旷野无边、粗犷壮美的天地。

长234公里，宽16至98公里的荒漠戈壁死亡谷，一半地段低于海平面。远古时代的大湖，经长期极度干热形成大片盐滩，盐块的结晶呈蜂窝状，味甚鲜。

沿着狭窄起伏的盘山路驾车观览，火山岩及含有赤铁矿、褐铁矿、金、铜、铝、锰、云母的岩石，呈现出不同色彩，被称为"艺术家的调色板"。而那连绵的雪山，水平、垂直、倾斜等多种节理的山丘断层，深183米，四周一层又一层呈红、棕、白、黑的火山口，月映枯木的沙丘，会移动的石头，巨大的陨石坑等更令人感叹大自然的神奇和瑰丽。

在这严酷的荒漠中，峡谷里的春秋季气温适宜，从而有不少绿洲，其中有仙人掌、约书亚树（丝兰属的一种，形态奇特）、狐尾松、矮松、桧树、三角叶杨、槭树、冬青、野玫瑰等上千种植物顽强地生长。小河鹿、大角羊、狐狸、山猫、野驴、响尾蛇等在此悠然生活。更有小鱼在比海水含盐量高6倍的盐溪中嬉游。

这里至今还保存着19世纪淘金热的矿井、磨坊、作坊、村落和华工烧炭窑等遗迹。更有一座华丽的西班牙风格的斯考德城堡，是当年金矿主的住宅。还有千年前土著居民的石刻图案。

公园距拉斯维加斯仅240公里，开车两小时就可到达。

荒漠与绿洲的交织、生与死的变幻、自然与生命的循环与融合在这里处处呈现，令人惊讶、兴奋、感叹。（见图90—图96）

90

91

92

93

94

95

96

第 3 章　自然的州立公园

3.1　美国州立公园的分布状况与首要任务

美国风景园林中，分布最均匀的是州立公园。50 个州共约 6600 多个州立公园，离居民居住地不太远，保护良好的、具有本州特色的自然地理风貌，特有的野生动植物和人文历史资源，为各州居民提供了回归自然、了解人文历史的良好休憩、健身场所，并缓解了国家公园面临的巨大旅游压力。

与城市公园不同的是，保护自然环境是州立公园的首要任务，人为的景观和游乐设备十分有限，主要是为了减低游览给公园带来的环境压力，控制汽车道路的数量，以较多的步行小径提供人们欣赏、接触自然的需要。许多州立公园的野营地需要提前预约以控制人流。许多州立公园还规定不可带宠物，车辆有限速，或只能停在指定停车场再徒步进入，不得喂食公园内的野生动物等。正是这些严格的游园规定才能将人的影响降到最低，让环境自然和谐地发展。对于公众来说，离居住地不是太远的众多州立公园，可与自然直接接触，可进行攀岩、泛舟、滑雪等野外运动，可享受自然的野趣和清逸，正是周末休假日可驾车前往放松之所。

3.2　美国州立公园的特征、设立要求与途径

美国州立公园的土地来源是多样性的，既有政府所有土地，也有个人捐赠，还有出于保护目的通过政府收购获得的土地。州立公园由州政府统一规划管理，其中有以自然资源为主的和历史文化价值为主的州立公园。

不论是以自然资源为主的州立公园，还是以纪念历史事件为主题的州立公园，管理规划部门都不会在公园内建造大量人为景观，而是以保持原貌为首要。

除了已建立的州立公园，每个州还设有自然资源获得计划，州立公园体系得以不断吸收新的土地。这些新加入的土地必须具有一定的特征：在本州范围内，独具自然资源、文化资源、游憩资源或者能和其他州立公园系统起到联系作用。这些新成员和原有的州立公园一起发展成为可持续的生态系统，独具特色的自然资源区域。美国地域辽阔，50 个州处于不同的经纬度和气候带，每个州都有一些特别的地貌和物种，州立公园系统长期致力于保护一个州所具有的特色。

以州为例，候选的区域分为可持续生态系统和独特的自然资源两大类分别评价。

可持续生态系统要求的特质为：①与现有州立公园系统的景观及栖息地生物有一定的关系；②水域保护需求；③现有保护较弱的生态区域；④特有本州生物未得到很好保护的区域；⑤对现存州立公园系统的野生生态区域的缓冲地带。

独特自然资源区域要求的特质包括具有得天独厚的生物价值，是湿地或河岸区域，且现有保护不够的资源区域。

根据以上特质用 A、B、C、D、E 不同等级为候选区域评分，以确定归入州立公园体系的先后顺序。当然每个州对特质要求都有非常详尽的评价方式，以形成本州的州立公园体系。

3.3 美国州立公园的管理

每个州立公园在公园内都设有管理服务部门，而由众多州立公园形成的体系，由隶属于州政府的管理机构统一协调管理。其管理工作包括通过制定政策、开展项目研究和一系列活动来保护自然，如动植物现状评估、濒危物种保护研究、外来物种控制、自然遗产管理等。另外，尽力为众多游客提供服务，并保护游客的安全。全美每年评选与表彰优秀的管理与服务，评选国家休闲和公园联合会金质奖章，获得这一奖章对每个州都是莫大的荣誉。美国州立公园基金会参与州立公园资源保护、经费支持及管理工作，并鼓励公众参与。美国州立公园系统网站和各州立公园网站，都为公众提供州立公园具体信息。

参观美国州立公园除了本州的居民外，还有全美甚至国外的游客。管理部门为众多游客提供服务，在保护公园自然生态的前提下，为游客展现本州独特的自然风景及文化遗产，提供游客户外活动的必要条件，例如露营地和相关设备，并保护游客的安全。

州立公园系统管理机构中的各个岗位均公开招聘。

3.4 案例简介

全美已有6600多个州立公园，其中州立公园最多的前10个州（2010年）分别是：加利福尼亚州278个，俄勒冈州182个，纽约州178个，佛罗里达州160个，马萨诸塞州143个，西弗吉尼亚州141个，德克萨斯州133个，宾夕法尼亚州120个，阿拉斯加州119个，新墨西哥州98个。州立公园大小不一，其中有不少很大的州立公园，如缅因州的巴克斯特州立公园（Baxter State Park），占地950平方公里。

在众多州立公园中，美国《国家地理》杂志社编辑出版的州立公园导游专著，着重介绍了215个州立公园，并逐一介绍了它们的地理位置、面积、地貌、自然资源、历史人文、景观特色、主要景点与方位、游览休憩设施、游览路线、野生动物出没处、公园服务处位置、附近的公路、城镇及公园地图与相片等。有的州立公园因景观上佳而著名，如尼加拉瓜瀑布州立公园（Niagara Falls State Park）。有的州立公园自然景观丰富，观赏价值不亚于国家公园，如内华达州的火焰谷州立公园（Valley of Fire State Park），面积141.2平方公里，大面积红色砂岩经几百万年风雨侵蚀，形成千奇百怪的结构与形状，岩壁上还有许多8000年前印第安人留下的画作，栩栩如生，曾被评为"美国最佳的十个州立公园"。（见图97—图102）

97

98

99

100

101

102

1. 箭猪山州立公园（Porcupine Mountains Wilderness State Park）

公园位于密歇根州西北部的苏必利尔湖边，1945 年建立，面积约 239 平方公里。公园内有美国中西部最大的原始森林，其中有美国最大的原始铁杉森林。园内有完整的河流系统和众多瀑布，40 公里湖岸线和 4 个内陆湖，迷人的山峰及长达 139 公里的远足小径。

2. 秋溪瀑布州立公园（Fall Creek Falls State Park）

公园位于田纳西州的坎博高原，美国《南方杂志》读者投票评选该公园为"美国东部最好的州立公园"。公园里有大大小小许多瀑布，有黑樱桃等约 900 种植物，是田纳西州最富植物多样性的公园。山洞中有千足虫、盲鱼等稀有生物。公园为不同年龄和不同水平的登山游客设置了不同的登山道。

3. 约翰·潘尼坎博珊瑚礁州立公园（John Pennekamp Corel Reef State Park）

约翰·潘尼坎博珊瑚礁州立公园举世闻名，是美国第一个海底保护区和海底公园。公园位于佛罗里达州，面积约为 258 平方公里，1960 年列为保护区。这里有美国本土唯一的活珊瑚礁，游客可通过浮潜和乘玻璃船，欣赏 50 多种珊瑚、600 余种鱼及其他海洋生物。

4. 安泽·包瑞格沙漠州立公园（Anza Borrego Desert State Park）

公园位于加州圣地亚哥东部，面积约 2430 平方公里，内有 12 个自然保护区。公园内遍地怪石嶙峋，虽气候与环境严酷，仍有 500 多种罕见植物。

5. 柯达盆地州立公园（Kodac Basin State Park）

公园位于犹他州北部，这里的岩石呈红、粉红、黄、棕、白等多种色彩，如当年流行的柯达彩片展现的丰富色彩，1962 年成立时取此名。这里还有许多直立的岩柱。

有的州向公众推荐本州最佳州立公园，如宾夕法尼亚州自然保护厅向公众推荐了 20 个各具独特风景而"必须参观的公园"。如美国国家自然地标，拥有宾州最大的古铁杉生长区（白松、铁杉树等树龄都在 300 年以上）的库克森林公园（Cook Forest State Park）；以 22 个瀑布闻名的利特·格伦公园（Ricketts Glen State

Park），是美国国家自然地标之一；拥有大片巨石散落区、60 多公里爬山步道的山核桃公园（Hickory Run State Park），占地 64.75 平方公里，也是国家自然地标；宾州唯一冲浪海滩、美国国家自然地标的普雷斯克岛公园（Presque Isle State Park）；有着壮观草原与草原花的詹宁斯公园（Jennings State Park）及宾州最大的湿地公园（Black Moshannon Park）；还有美国东部最大的蝙蝠聚集地之一的独木舟溪公园、美国东部光污染最少的樱桃泉公园、美国国家文物步道的德拉华运河公园等。

这里附宾州几个州立公园图片（见图 103—图 108），及景色名列全美前茅的纽约州沃特金斯·格伦州立公园（Watkins Glen State Park）图片（见图 109—图 111）。受条件的限制，笔者去过的州立公园较少，从而无法提供许多颇有特色的州立公园的图片，有兴趣的读者不妨通过访问公园网站获取更多的信息。

104

105

106

107

108

109

110

第 4 章　因地制宜的城市绿化

4.1　美国城市绿化的发展、问题与对策

美国独立战争后，城市园林在继承英、法等欧洲园林的基础上，根据各城市的具体情况，逐步开展了城市绿地系统规划。1870 年美国园林之父奥姆斯特德在他的《公园与城市扩建》中提出："要进行综合性公园的规划设计"，为城市居民创造良好的生活环境。1873 年由他领衔规划设计建成美国第一个城市公园——纽约中央公园，占地 1.4 平方公里，是当时全球首创。奥姆斯特德的风景园林设计思想与理论，还在他设计的波士顿公园系统、华盛顿绿地系统等众多方面得到了成功的实践，从而启动了美国城市绿化的建设发展。1902 年，华盛顿制定了美国第一个综合性城市规划。1871 年芝加哥毁于一场大火，1909 年，由丹尼尔·伯纳姆开始对芝加哥规划"城市美化运动"，并逐步得以实施，是美国城市规划的典范。19 世纪末 20 世纪初，城市改进美化运动和公园运动结合，促使更大规模的城市绿化建设。第二次世界大战后，美国进一步加强城市绿化，到 1953 年，建造了 1.75 万平方公里城市绿地。1978 年，美国联邦政府通过法规责成美国林务局管理城市绿化事业。

然后，由于原先在城市建设发展过程中多半偏重工商业和住宅建筑建造，忽视了城市生态环境的改善，中心城区绿地率不高。也因私有制和政府可用资金的有限，不可能大量拆房建绿，故直至今，一些城市的老城区，绿地增加较慢。而众多中小城市以至小城镇，由于人口密度不高，地域开阔，从而绿地率、绿化质量往往高于大城市。

随着人们越来越重视生活环境质量，政府、企业和广大市民千方百计"见缝插绿"。如在许多建筑拥挤的城市中，屋顶绿化、墙面乔灌木贴植、袖珍公园等大量涌现。为鼓励屋顶绿化的发展，美国把屋顶绿化纳入绿色建筑评估体系（LEED）。屋顶绿化可得到联邦、州或地方政府的补贴，已在 48 个州实施。城市周围有大量大面积森林公园，因此郊区比城市大得多的广大住宅区，多半具有很高的绿地率。还有城市高架公园、废弃地改建公园、城市重新规划改造等。华盛顿等一些新建城市，绿化与城市建设同步规划建设，使城市处在森林拥抱中。各个城市都在因地制宜地不断发展城市绿化，并取得了新的成效。

4.2　美国城市绿地率逐渐增加

美国城市绿地在不断发展，如芝加哥，1860 年市区公园共计 0.15 平方公里，人均绿地 1.2 平方米；1890 年市区公园 8.12 平方公里，人均绿地 7.3 平方米；1970 年市区公园 28.22 平方公里，人均绿地 8.5 平方米；1990 年市区公园 30.04 平方公里，人均绿地 10.5 平方米。

1990 年的数据显示，洛杉矶中心城区公园 64.86 平方公里（人均 19 平方米）；费城中心城区公园 35.21 平方公里（人均 22 平方米）；华盛顿人均 46 平方米，休斯顿中心区公园 82.51 平方公里（人均 51 平方米；全市开放空间 151.86 平方公里）；达拉斯中心城区公园 78.68 平方公里（人均 78 平方米）；圣地亚哥中心城区公园 128.24 平方公里（人均 116 平方米；全市开放空间 173.97 平方公里）；凤凰城中心城区公园 122.92 平方公里（人均 125 平方米）。

4.3 美国城市绿地的分类与均匀度

美国的城市绿化除一般人工建设各类绿地外，还有半自然、自然风景区，甚至"荒地"。如芝加哥 1998 年有颇具吸引力的 5 个公园，占市区公园面积 38%；有 10 个市级公园，占市区公园面积 10%；有 46 个区域公园，占市区公园面积 16%；有 130 个社区公园，占市区公园面积 14%；有 159 个邻里公园，占市区公园面积 4%；有 145 个迷你公园，占市区公园面积 5%；有半自然风景地 41 个，占市区公园面积 2%；有"荒地" 15 处，占市区公园面积 5%。

芝加哥规定了不同等级公园的服务半径：大于 50 英亩（1 英亩约等于 4047 平方米）的市级以上公园，市民走 1 英里（1 英里约等于 1.6 公里）可到达；15—50 英亩的区域公园，走 0.75 英里可到达；5—15 英亩的社区公园，0.5 英里可走到；0.5—5 英亩的邻里公园，走 0.25 英里可到；0.1—0.5 英亩的口袋公园（袖珍公园），走 0.1 英里就可到。华盛顿公园分布均匀，也达到了同样目标。其他各城市也因地制宜力争公园的均匀分布。

4.4 美国城市风景园林的特点

1. 完善的城市园林发展规划

20 世纪，美国城市大面积蔓延，以至占用了大量森林、农田，破坏了自然环境。对此，逐步提出了"理性发展"理念，提倡较为紧凑、集中、高效的发展模式，力求达到优美的、有活力的、人文的、有特性的、可持续的发展目标，使城市实现社会、经济、环境健康而协调地发展。

各个城市制定了一系列完善和具体的规划管理法规和实施细则，以综合性规划为手段，通过法律、金融、税收等措施，对城市开发进行管理。城市规划包括绿地系统规划，以各城市市政府为主体，联邦政府、州政府参与指导，由规划委员会、规划局编制长期、中期和近期规划。

规划依据 19 世纪以来形成的生态理论、系统论、场所理论、环境心理学、行为科学、风景园林学、计算机数值化分析等综合理论与科学手段；规划编制广泛征求市民意见；规划实施有严格的审批程序，使科学、完整、因地制宜的城市绿地系统规划的理论和实践处于世界领先地位。

2. 严格的立法与管理基础

美国多数城市能有今天这样优美的风景园林面貌、良好的生态效应和人性化的综合功能，其中重要的一条是有严格的立法、执法与管理基础。如华盛顿与西雅图，用绿化评价体系的强制性规定，来保证绿地质量和综合效益。

3. 独特的自然环境

美国城市的选址，除交通因素外，更主要的是注重自然环境条件。有的依山而筑，有的临水而设，有的靠山面海，山水兼备。城市规划建设时，充分利用这些山水自然资源，在景观与社会功能上加以完善，使城市各具不同的自然风景特色。如华盛顿位于波托马克河及支流阿拉科斯塔河交叉口；纽约在临近哈德逊河和大西洋海口处；波士顿在查尔斯和梅斯蒂克河河口，东临波士顿海湾；旧金山选在三面临海（太平洋）的半岛，市内山岗起伏，城市建筑、道路、桥梁、绿化顺着山坡、海峡发展等。城市园林的植物群落配置，尽量因地制宜地采用当地乡土植物和自然群落结构，再加以修饰、提高，从而使城市的风景园林各具特色。

4. 城乡一体化的绿地系统

美国的城市绿化与城郊、城市外围自然环境结合一体。城郊大面积的森林公园、郊县公园、社区公园、住宅花园、州立公园甚至国家公园等，拥抱着城市，并通过道路绿化、河道绿化、绿廊与城市各类绿地组成的绿地系统紧密相连，有机融合。

5. 灵活的设计风格

美国城市的市区公园、郊野公园、历史文化遗迹公园、街头绿地、公共建筑绿地、道路、河道、滨海绿地、企业绿地、住宅花园、陵园、立体绿化等风景园林设计，在满足各种功能需要的前提下，因地制宜地采取了灵活的、丰富多彩的设计风格。

（1）兼有古典和现代园林风格

美国对世界各国的园林风格采取"拿来主义"，根据具体情况，兼收并用，这在众多城市中随处可见。美国的风景园林不仅广泛采用了英国田园风光的园林设计手法，法国经典规则式园林的设计手法，还有意大利台式园林、阿拉伯庭廊园林、中国江南园林和日本禅院式园林，以及北欧风景、非洲风貌、印第安人的帐篷、图腾柱等。

与此同时，第二次世界大战以后，随着经济和科学的迅速发展，新的设计理念、新材料、新技术、新的设计手法不断涌现，使美国城市风景园林呈现出一片崭新风貌。无论是城市公共绿地或私人花园，出现了众多亮丽、优雅、令人耳目一新，以至标新立异的现代园林设计佳作，与古典式园林相映成辉。

（2）力求自然美与人工美融合

美国的城市绿化力求自然美与人工美相融相合，努力体现人与自然和谐相处的风景园林规划设计理念、手法和意境。面临大西洋或紧贴太平洋的滨海城市，面对海湾、海峡、礁石、沙滩、浪花、海鸟，建了许多滨海公园，让繁华忙碌中的市民能经常享受大海的抚慰。与丘陵交叉的城市，坡地、谷地上建造的房屋，散布在茂密的树木拥抱之中，使喧嚣的城市淹没在山林之中。平原上的城市，城外森林无边，城里林木葱郁。树枝伸展自然，树冠姿态优美。乔、灌、草的植物群落配置尽可能仿照当地自然景观，力求达到良好的生态效应。

许多城市的江河两侧，驳岸自然，植被茂盛。清澈的溪流中漫游着鱼虾、野鸭、松鼠、鸽子和大雁等禽鸟不时在你眼前悠闲地蹦跳、飞翔。点缀着野花、蒲公英的草坪透出阵阵清香。

城市绿地中的凉亭、桥梁、扶栏、小品、座椅等园林建筑简洁、质朴，卵石、块石铺地，木屑铺就的林间小径，让你倍感亲切。

与此同时，除了保留原生态自然美和仿照自然景观建造的风景园林外，还创造营建了许许多多充满人工艺术美的精品佳作，如：几何形图案状的布局、组合，修剪造型的树木，墙面贴植的乔木、灌木，丰富多彩的喷水池、雕塑、小品、景墙、景灯和迷人的夜景等，力求变化，各有特色。

6. 提倡开放，面向街道

美国城市的公共绿地、单位绿地、住宅绿地乃至私人花园，多半是开放式的。有的公园即使有围墙或密林包围，也主要是为了隔离闹市的喧嚣。即使需要围护，也多用栏杆、铁链之类使风景隔而不断，美化了城市面貌。公园的出入口多，如纽约中央公园有30个，有4条过境公路横穿公园。旧金山的金门公园出入口也多达24个。公园的出入口相当简单，有的立块牌子写上公园名称，有的在路侧摆一块刻着园名的石头，就是门了，而且多半不收门票。哈佛大学、麻省理工学院、耶鲁大学等众多花园般的校园也没有围墙，只有简朴的牌子。公司企业等单位绿地也是如此。

在住宅区，人们把自家花园，尤其是前院之景，视为街景的一部分，一家连一家，很少有人会用高墙隔离优美的景观。

当然，开放的城市园林，并未排斥保持一定的私密性空间，而是因地制宜，灵活安排，比如住宅的后院。

7. 因地制宜的绿地

同世界其他国家一样，美国的城市也有大小不同、功能各异的各类绿地。其中城市公园多半分布在人口密集之处，占地面积大，而林地面积一般占公园面积的一半以上，使众多公园成为城市之"肺"。城市的主干道或人口密集的居住区，建成开放式林荫广场、街心公园，营造了众多布局合理、设计精巧、自由舒适的园林空间，给拥挤不堪的城市中心带来盎然生机和人文乐趣。值得一提的是"口袋公园"。在纽约等繁华、拥挤的老城区中，难以辟出大片绿地，却因此创建出星罗棋布的、小巧、便捷、围合而有安全感的口袋公园。这些闹中取静、"小中见大"的袖珍公园或迷你公园，为广大市民、游客、上班族、购物者、老人、儿童提供了使用率很高的就近休憩、交流空间。如 1967 年建成，位于纽约市 53 街第三大街和麦迪逊大道间，占地仅 390 平方米的佩雷公园（Paley Park）。费城也于 1961—1962 年建立了 60 多个口袋公园。

8. 种类丰繁的植物配置

美国城市风景园林注重植物造景，主要采用当地原有的观赏植物和原生态的植物群落结构配置。其中，植物种类丰富，一个城市往往有上千种，甚至数千种植物。品种则更多，包括广泛收集栽培野生品种和长年培育、推出新优品种。尤其是开花乔木、色叶植物、耐荫开花地被植物、观赏草等种类多、应用广泛。单个树种尽量控制在一个城市树木总量 10% 以下，单个属的树木数量尽力低于一个城市树木总量的 20% 以下。各类绿地注重植物的不同高度、不同株形、不同叶型、不同花序、不同色彩等配置，包括色彩鲜艳、淡雅，暖色系、冷色系花卉的培育和应用；注重鸟嗜植物、蜜源植物、浆果坚果植物的配置，以利鸟类、昆虫、小动物的栖息共生；注重引进适生的世界各地优美植物，并经过人工培育成许多观赏性、适生性、抗逆性较强的园艺品种加以应用，从而使城市园林景观亮丽、协调、生机盎然、可持续发展。

9. 精细的栽培养护管理

城市风景园林有分工明确、职责分明的养护管理机构和队伍，有先进的栽培养护技术和设施机具，以及全民对园林、园艺的热爱，从而使园林植物的种植、养护都很精细、景观良好。如所有新栽的植物都采用性状良好的人造介质，杜绝裸露土地，树木修剪整齐合理，草坪翠绿平整，花卉鲜艳茂盛，少见病虫危害症状。

10. 注重历史文化内涵和艺术效果

美国虽立国历史短，却很珍惜历史、文化的保护和发展，这在城市各类园林绿化中有充分的表现。另外，各城市的风景园林规划设计受到各种艺术理论、流派的影响，表现出明显的多姿多彩的艺术效果。

11. 较好的生态、景观、社会效应

美国对城市园林绿地的建设，遵循环境保护、保持生态平衡原则。主要表现在①立法保护环境免受污染与破坏，制定了一系列城市绿地、园林植物的保护法规和管理措施；②城市规划留有较多的公共绿地，即使像高楼林立、地价昂贵的纽约曼哈顿岛，也留出 7 平方公里土地，建成中央公园等 5 个公园；③加强国民环境保护意识教育，从小就培养儿童热爱自然，园林绿地中的鸟类、水禽与小动物都能与人类亲密友好相处，不仅生机盎然，而且减少了病虫害；④造景以植物为主，园林绿地中建筑少而简朴、自然，从而使城市空气清洁、水体清澈，园林的生态效应良好。

作为一个年轻的国家，美国博采众长，吸取世界各国园林景观设计的精华，因地制宜地应用和不断创新，从而使城市园林景观良好，各具特色。不断推出的精品佳作，也反过来推动了世界风景园林的发展。尤其是在城市绿地系统的规划与实施中，新设计理念、新材料、新技术的应用、新优品种的引种、推广和培育，为丰富多彩的园林景观，打下了坚实基础。

美国城市园林的规划与建设，相当重视社会效应，尽量体现对人的关怀，如①立法规定公园的均匀分布和贴近居民住宅；②公园的游览咨询服务与设施完善而到位，座椅数量多，多半设有无障碍设施及饮水器；③公园等公共绿地有众多体育锻炼和儿童游戏设施，有游览车、停车场和完善的残疾人游览设施等。

4.5 城市园林采风

美国的城市多达 3.5 万余个，受篇幅限制，这里仅对 8 个主要城市的风景园林作一些简单的介绍。

4.5.1 华盛顿

到了华盛顿，你看不到纽约那种高耸入云的摩天大楼和喧闹拥挤的环境，看到的都是宽阔整洁的街道，庄严朴素的纪念建筑，丰富多彩的历史文化艺术博物馆和星罗棋布的公园绿地，呈现出一个大国都城的气派。

1791 年，美国聘请法国工程师朗方（Pierre Charles L Enfant，1755—1825 年）对华盛顿进行规划，奠定了

112

严整而开放的轴线、大面积的广场和绿化，为以后建成花园城市打下了基础。

19世纪50年代，唐宁对规划作了局部修正。

1902年，美国参议员麦克米伦（James McMillan，1938—1902年）和哈佛大学景观建筑学科创始人小奥姆斯特德等著名景观规划设计师、建筑师、雕塑家，在原有规划方案基础上，对华盛顿进行了包括建立公园系统的新规划，并在以后的几十年得以逐步实施，使华盛顿成为世界上环境和绿化最好的城市之一。

在华盛顿市中心，从国会大厦向西，经华盛顿纪念碑到林肯纪念堂，有一条长3200米，宽500米的林荫大道——"国家大草坪"广场。从华盛顿纪念碑到国会大厦及从华盛顿纪念碑到白宫，均有宽达几个街区，长达数公里的绿地，由排列整齐的大树和宽敞的草坪组成，形成东西、南北两条绿轴。而华盛顿纪念碑到国会大厦之间的绿轴，两侧有众多博物馆、美术馆、花园，均免费开放。华盛顿纪念碑南的潮汐湖畔，每年樱花盛开，吸引了各地民众前来，人潮融入花海，春意甚浓。这里还有国家树木园、国家植物园、国家动物园等。市区绿地34余平方公里，占城区面积20%以上，绿化覆盖率36%（2008年），人均绿地达46平方米，市民步行10分钟就可到公园。近些年来，屋顶绿化不断增加，总面积已超过芝加哥居全美之首。

除道路、停车场、体育场外，市区几乎所有空地都为树木花草覆盖。其中有观赏植物近2000种，鸟类300余种，鱼类近百种。

2015年，华盛顿首个高架公园设计方案确定，将把横跨安娜卡斯蒂亚河的一座公路桥改建成公园，使华府增添一座景观独特的公园。华盛顿的城市绿化还在发展之中，虽然不快，但健康、稳定、和谐。（见图112—图123）

113

114

115

116

117

118

120

119

121

122

4.5.2　纽约

一提到纽约，多半会令人想起曼哈顿林立拥挤的摩天大楼、华尔街狭窄阴暗的两车道马路，时代广场光怪陆离的霓虹灯以及骚动喧闹的证券交易所和陈旧不堪的地铁。

但也不尽然，在建筑密集的闹市中，"见缝插绿"地镶嵌着600多个社区公园。全市共有1700个公园和绿地，占市区面积21%。520万株树中有悬铃木、挪威槭、豆梨、美国皂荚、沼生栎等19科49属206种59.3万株行道树。97%的市民从住处到公园只要步行10分钟。佩里公园等众多小巧的口袋公园（见图292）也为市民、游客等提供了避开喧闹的空间。就连废弃的高架桥，也建立起空中花园。自2006年开始，从甘斯沃特街至曼哈顿西区30号街的一条长2400米的高架桥改建为空中花园，桥上保留了上百种野生花草，还种树和铺草坪。沿途可观赏哈德逊河、自由女神像和帝国大厦等景观。即使是在高层住宅楼包围之中，不到1万平方米的泪珠公园，通过大胆的地形设计，因地制宜的空间安排，创造了一个独特而出色的社区小公园，荣获2009年ASLA奖。42街的布莱恩公园，距离时代广场仅两个街区，面积不大，却放了几百把椅子，路人走累了随时可进去休息。还有19世纪就在寸金之地的曼哈顿岛留出3.4平方公里土地建成跨越51个街区的中央公园。全市面积大于2.5平方公里的公园有十多个，为改善纽约市的生态环境发挥了重要作用。而布鲁克林区到皇后区的绿道，把13个公园、2个植物园与众多博物馆、体育馆、自行车道、步行道连接起来。

纽约有近9万平方米屋顶绿化，占建筑面积的11.5%。政府鼓励市民建屋顶绿化，如屋顶绿化超过一半面积，政府给予每平方米45美元的减税。

纽约市规划把费雷什基尔斯垃圾堆场和附近湿地改建成8.9平方公里的公园，一期工程观鸟山所在的北园已于2012年完成。预计还将在纽约中城改建一条延伸40个街区的线性公园。纽约的长期规划将建更多绿地。（见图123—图131）

123

124

125

126

127

128

129

130

131

4.5.3 波士顿

濒临浩瀚大西洋的美国东北部马萨诸塞州首府——文化名城波士顿，以其独特而多样的景观和内涵丰富的历史文化而闻名世界。

如乘坐由第二次世界大战时期登陆艇改制的水陆两用观光巴士进入城区，可轻松地游览全城和下水环城观赏美丽、典雅的波士顿风貌。若尚未过瘾，可再漫步公园、街头采风，细细欣赏品味。

那放射形辐射出去的道路，那精美、雅致的建筑，那浓荫密布、优美自然的绿道、花园，使波士顿处处呈现出文化名城的风采。

沿着人行道地上红色标线的 4 公里"自由之路"，穿过 21 个主要景点和历史遗迹步入 1634 年就向公众开放的波士顿公园，浓荫的树林遮挡了高楼大厦底部，露出的尖顶、平顶、圆弧形、多边形建筑，与蓝天、白云、绿树相映成景。垂挂的枝叶与大地、湖水亲吻，绿丛中透出殷红、金黄的色叶树种。湖水中，游船在碧水绿荫中悠然漂行，飞鸟与水禽在人群中自由穿梭，设计简练、蕴意深邃的雕塑令人遐想联翩。

由美国"园林之父"奥姆斯德特设计，1895 年建成的"绿宝石项链"城市景观，通过 16 公里公园道将富兰克林公园、阿诺德植物园、波士顿公园等连接了起来。经过 20 世纪 50 年代到 90 年代的努力，逐步实施了环绕大波士顿周围的 250 公里绿道建设。不久前，又利用拆除一条高架的土地，建起了一条沿着海港的肯尼迪绿道公园。而占地 213 公顷的富兰克林公园等一些较大的公园和自然保护区等，为保障波士顿具有良好的生态环境发挥了重要作用。漫步在波士顿的公园和街道，穿越哈佛大学、麻省理工大学等众多高等学府的绿地，春华、夏雨、秋实、冬雪、阳光普照，海风宜人，林木葱郁。小泽征尔指挥的波士顿交响乐团演奏的一首首动人的乐曲，仿佛在耳边久久徜徉。（见图 132—图 139）

132

133

134

135

136

137

138

139

4.5.4 费城

费城是美国东北部第二大城，也是全美第五大城。独立战争时期费城曾是美国的首都，也是美国《独立宣言》和《宪法》的诞生地。2015 年，费城被列为美国第一个世界文化遗产城市。

费城中心城区较少看到公园绿地。当乘上动物园的观光气球上升几十米，就能发现原来城区外围有那么多绿地。费城拥有 140 多个公园组成的 40 平方公里的公园系统，绿地率 12%，人均绿地 20 平方米，树冠覆盖率 15.7%，规划绿化覆盖率 30%。

费城是一个较古老的城市，城区大部分房屋年代久远，街道也多狭窄。然而，在城市东部的 2 街到 5 街等老城区，房屋建筑精致典雅，保存完整。穿行于这些老街之中，到处可见人们的爱绿之景：古老的外墙上，生长着青青的藤蔓；窄窄的窗台边，花槽内的鲜花笑脸迎人；狭窄的道路旁，大树苍翠的枝丫伸向蓝天；整洁的卵石路面，浓荫铺地，即使是家门口小小的方寸之地，也多栽花种草。行道树不仅有高大的银杏、悬铃木等，还有开花茂盛的梨花、玉兰、樱花及槭树、栎树等秋季色叶树种。

在新城区，宽阔的绿道中，喷泉、雕塑、飞鸟、松鼠、大雁等自然与人文景观纷呈，城市外围及城郊的大片森林，为拥挤的城市增添了无穷生机。尤其是长 1.5 公里的本杰明·富兰克林公园大道（Benjamin Franklin Parkway）由市中心通向城西北的费城艺术博物馆，跨越十几个街区，沿线有林荫道、大型组合雕塑喷泉、花径、休闲广场等。而沿着依斯基尔河畔的费尔蒙特公园，面积约 16 平方公里，沿河滨，一年四季有众多市民前来散步、跑步、骑自行车等。河边排列着一幢又一幢漂亮的划船俱乐部建筑，不时有赛艇、游艇划过。另外，还在市中心将一条废弃的高架铁路改建成铁路公园，一期工程已于 2018 年 6 月 14 日竣工开放。（见图 140—图 152）

140

141

142

143

144

145

146

147

148

149

150

151

152

4.5.5 芝加哥

芝加哥位于美国中西部，是美国第三大城市，美国铁路、航空枢纽。19 世纪开通的伊利诺伊—密歇根运河，把处于内陆的芝加哥同五大洲和大西洋连接起来，使其变为港口城市，海洋巨轮可从加拿大直驶到达。芝加哥又是美国铁路枢纽，几十条铁路交汇于此，连接美国各大城市，从而成为美国东西交通，水、陆、空运输的中心。

现在的芝加哥城是 1871 年大火后重建的，奥姆斯特德等众多有名的规划大师将芝加哥分为西、南、北三个公园系统进行了规划，通过公园分割建筑密度过高的市区，以系统的开放空间布局达到防止火灾蔓延和改善城市生态环境的目的。

1909 年，丹尼尔·勃南提出的"芝加哥规划"中，在芝加哥原有格子状道路系统基础上规划了斜线形的林荫道，在林荫道交汇点配置城市广场；并规划密歇根湖滨地区建大面积的公园，连通了北部林肯公园和南部的杰克逊公园，使湖滨绿地与市区公园系统连为一体。另外，在郊外建公园带，逐步形成城乡一体化的公园系统。

如今，这些规划都已实现。芝加哥 570 个公园及园林绿地中有不少精品佳作，如经过 20 世纪 70 年代的规划改造，密歇根 40 公里湖滨的自然生态得到了很好的保护，呈现出优美的景观。临湖的林肯公园，占地 4.9 平方公里，是芝加哥最大的公园，内有植物园、动物园和大量健身场所。

千禧公园内的不锈钢巨型雕塑映衬着高楼大厦、蓝天白云。两座高大的园林建筑中呈现出上千芝加哥市民的笑脸，还时而吐出"瀑布"。

2003 年，芝加哥立法规定，50% 以上的屋顶或大于 185.8 平方米的屋顶，须有植被覆盖。芝加哥的屋顶花园已有近 40 万平方米，居全美第二（华盛顿第一）。2005 年，芝加哥被美国《绿色指南》杂志（*Green Guide Magazine*）杂志评为十个美国绿化最成功的城市之一。近年来，芝加哥正在市区开建绿色中轴线。2015 年制定了"融绿于城计划"，计划在目前 1000 平方公里公园的基础上，到 2040 年再增 600 平方公里公园；力争每千人享受 0.04 平方公里公园的市民超过 70%；争取绿道长度翻倍。（见图 153—图 159）

155

156

157

158

159

4.5.6　西雅图

位于美国西北角华盛顿州的西雅图市是一座环山抱水、自然景观优美的海滨城市，是白雪皑皑的群峰、茂密浓郁的森林和碧水连天的湖海拥簇之中的著名"翡翠城"，纬度比纽约、华盛顿高得多，却冬暖夏凉，雨水丰沛，从而为园林植物的生长提供了良好的条件。

1903 年春，约翰·查尔斯·奥姆斯特德应邀对西雅图市进行调研、规划，提供了包括公园体系的百年西雅图城市发展综合性规划。规划注重西雅图市得天独厚自然资源的保护与利用，注重公园和康乐场所的均匀分布，让市民步行 400 米就可到达公园。

百年规划的实施过程中，西雅图市 22% 的土地上逐步建造了 400 个公园和绿地，18 条林荫大道和大面积的立体绿化等，是美国绿化覆盖率最高的城市之一，人均绿地达 30 平方米。在 26.7 平方公里的公园系统中，有10.9 平方公里的城市森林，3.3 平方公里的开放式自然区，包括海滩、滩涂、草原、草甸、灌木丛林，2.5 平方公里的湖泊、湿地和溪流，城市的自然景观相当丰富。其中，有闻名全球的奥林匹克雕塑公园、煤气厂公园（棕地改造而成的公园）、高速公路高架公园等。

1994 年起，西雅图市启动城市森林改造，努力提高森林质量，可持续发展及安全度，包括灭除入侵植物，重建森林植物、林间小道和提高溪流质量，拯救濒危的大马哈鱼等。

2003 年"奥姆斯特德公园规划"百年纪念时，规划的目标实现。2006 年，西雅图华盛顿大学风景园林系邀请各方人士协同拟定了 2025 年及 2100 年城市绿化发展规划。2007 年这项规划获得 ASLA 荣誉奖。2005 年，西雅图被推选为美国绿化最成功的十个城市之一。（见图 160—图 166）

160

161

162

163

164

165

166

4.5.7 旧金山

旅游胜地旧金山位于美国西部大西洋海岸，四季如春、风光绮丽、景色迷人。

旧金山的城市风景园林建设，注意自然资源的保护、利用，以及天然风光与人造景观的协调融合。如建于1870年的金门公园，从太平洋海岸开始，如一个长方形的绿色楔子，插入市中心。公园东西长4000米，南北宽1000米，内有模拟中美洲、大洋洲、南非和加利福尼亚州等植物群落的，拥有6000多种乔灌木的斯特赖宾植物园；有杜鹃山谷、野牛牧场；有漂亮的棕榈、红杉、榕树、桉树、海岸松；有斯托湖，高130米且可一览全城风貌的人造草莓山；有荣获2009年ASLA综合设计奖，具有1公顷屋顶绿化，时尚亮丽的新自然科学博物馆；有亚洲艺术馆、莎士比亚花园、日式茶园等。市区绿地中也有不少亮点，如坡度30度，有8处急转弯的著名的伦巴底街，终年鲜花缤纷；有斯坦福大学漫长的椰子树大道等。另外，还有水上公园、林肯公园、杰克·伦敦国家公园、旧金山湾最大的岛——天使岛州立公园、30多公里步道的塔玛帕斯山州立公园，准备建成"21世纪的公园"的普雷西迪奥要塞等，各具独特的宜人景色。

另外，旧金山已通过立法，成为全美第一个立法屋顶绿化城市。法律规定旧金山城市屋顶须有30%建绿化或15%的太阳能热水板，并于2017年开始实施。

旧金山市区近200处公园绿地，星罗棋布，因地制宜，各有特色，使旧金山如耀眼的绿宝石镶嵌在大西洋海边，吸引着世界各地的游人。（见图167—图179）

167

172

173

174

175

176

177

178

179

4.5.8　洛杉矶

洛杉矶位于美国西海岸加州南部，包括5县88市镇，占地8.8万平方公里，人口1500万，是美国第二大城市。洛杉矶气温偏高，土质呈沙漠状，干旱少雨，年降雨量仅360毫米，在采取了一系列措施后，如今洛杉矶到处种植着高大的华盛顿棕榈、粗壮的加拿利海枣、俊秀的假槟榔、冠大如盖的榕树、火热亮丽的鹤望兰、三角梅和翠绿舒展的草坪，植物种类丰富、生长健壮。

洛杉矶市社区公园和大型公共绿地有近400个，最大的占地16.2平方公里。政府规定，每1000人的区域和社区，区域公园须大于6英亩、社区公园大于2英亩。2010年洛杉矶人均公园绿地面积达25平方米。

在洛城众多风景园林绿地中，有不少亮点，如位于洛杉矶市东北部的亨廷顿花园（Huntington Garden），以植物种类及造园风格的不同，分为12个各具特色的专类园，包括有1000个品种的山茶花园、1200多个品种的月季园，以及玫瑰园、棕榈园、热带丛林园、草花芳香植物园、睡莲园、亚热带园、沙漠植物园、莎士比亚园、澳大利亚园、日本园等。2007年竣工的中式园林流芳园占地面积12英亩，也是海外最大的中式园林之一。

位于市中心的泛太平洋公园，是座大面积的现代园林，里面还有一些体育场馆。

由7个主题游乐区组成的迪士尼乐园内，绿树苍翠、碧草如茵、鲜花盛放，修剪树木姿态各异，林木深处传来瀑布和泉水之声，整个乐园给人以清新欢快之感。

还有占地16.19平方公里的格里菲斯公园，年游客量超过百万人次的森林墓地和展览馆公园等，不胜枚举。（见图180—图186）。

180

181

182

183

第 5 章　亮丽的城市公园

5.1　美国城市公园概况

美国的公园分三级，分别是国家公园、州立公园、地方公园（Local Park）；地方公园包括城市公园（City Park）和县公园（County Park）。

自 1873 年纽约中央公园建成后，美国许多城市兴起建立公园的高潮，到 20 世纪上半叶，已形成了结构较完善的公园体系框架。各州的《公园法》明确了公园用地的购买、公园建设的组织方式与原则，由州议会授权政府组织实施。公园有财政制度保障，纽约、芝加哥等城市发行公园债募集资金，公园建成，促使周围地价上涨，成为投资公园的回报。第二次世界大战后，美国园林建设发展迅速，至 1965 年，城市公园达 2.6 万多个，面积 0.326 万平方公里。（县公园也增加到 4000 多个，面积 0.28 万平方公里。）

美国的城市有许多人工建造的公园，包括城市综合性公园、社区公园、街心花园、口袋公园、邻里公园、河滨公园、雕塑公园、纪念公园、废弃地改建成的公园、线型公园、高架公园、盲人公园等，其中，以社区公园为发展主体，社区公园按服务半径均衡分布。这些公园里，有众多人工栽种的树木花草和休闲、健身设施。公园模拟自然，又采用科学和艺术提炼，景色紧凑、精致。在《城市公园和游憩恢复法案》的保护和支持下，政府制订发展规划和计划，对公园按规定进行管理、服务；同时，民众、商业机构和非营利机构参与公园的建设与管理。

5.2　美国城市公园类型与实例

5.2.1 市区综合性公园

1. 纽约中央公园（New York Central Park）

1873 年建成的纽约中央公园，位于曼哈顿 59 大街至 110 大街之间，占地 3.4 平方公里，是纽约最大的都市公园，也是美国第一个城市公园。其中有茂密的树林、翠绿的草坪、开阔的湖泊，还有凉亭、小桥、喷泉、雕像、眺望台、城堡、露天剧场、溜冰场、美术馆、动物园等。纽约中央公园的建成引起周围地价大涨，使公园被密密层层的高楼包围。（见图 187—图 191）

187

188

189

190

2. 布鲁克林展望公园（Prospect Park）

1868 年建成的纽约布鲁克林公园占地约 2 平方公里，有茂密的森林，大面积的草坪和人工湖。这里栖息着苍鹭、啄木鸟、风琴鸟等上百种鸟。1928 年建成的玫瑰园里，有 1200 多个品种共 5000 株玫瑰，从 5 月至 10 月此起彼伏地热烈绽放。莎士比亚花园里有 100 多种莲花及温室植物。公园里还有动物园、博物馆、日式庭园，每年吸引 700 万人次的游客前来游览。

3. 波士顿公园（Boston Common Park）

波士顿公园位于市中心，面积约为 0.24 平方公里，

建于 1885 年，是典型的英式公园，1987 年被列为美国国家历史地标。园中大树葱郁、草坪宽阔、花卉茂盛、池塘环绕，载着游人的天鹅形游船在飘弋，排队行走的鸭子群雕栩栩如生。园中还有音乐台、青铜喷泉和雕像、军人纪念碑等。（见图 192—图 197）

4. 波士顿富兰克林公园（Franklin Park）

富兰克林公园位于波士顿市中心南部，面积约 2.13 平方公里，是波士顿最大的公园。园中有大片森林、草坪、花径及 29 公顷的动物园。富兰克林公园整体与纽约中央公园相似。

192

193

194

195

196

197

5. 费城费尔蒙特公园（Fairmount Park）

费城市中心沿西北的依斯库基尔河的费尔蒙特公园，面积为 16 平方公里，有大片充满野趣的自然林。这里曾是 1875 年美国独立 100 周年的纪念会场和 1876 年世界博览会主办地。沿依斯库基尔河有公园的一些标志性景点，河边小径长 1.6 公里，方便游人散步、跑步和骑自行车。沿路有宽大的人工瀑布、划船俱乐部、有贡献的费城人雕塑。公园内建有费城艺术博物馆、科学博物馆和历史博物馆等。（见图 198—图 199）

198

199

6. 芝加哥格兰特公园（Grant Park）

格兰特公园被誉为"芝加哥前院"（公园前边面对着如海的密歇根湖，后面是芝加哥城优美的建筑群），是芝加哥最吸引人的公园之一。园中有世界上最大的照明喷泉——白金汉喷泉，夜晚上万盏灯照射，无比瑰丽。1.29 平方公里的公园内，包括博物馆区，如芝加哥艺术博物馆、谢德水族馆。这里还会举办芝加哥蓝调音乐会、芝加哥夏季舞蹈节、芝加哥美食节。

7. 旧金山金门公园（Golden Gate Park）

位于旧金山南面的金门公园，建于 1871 年，面积约 4.12 平方公里，从斯塔尼安街向西延伸 4 公里，直到太平洋海滩，是世界上最大的"人工公园"。园中有 5000 种植物、百万株树，有林中空地、平静的湖和异彩缤纷的花园，有亚洲艺术博物馆、M.H. 迪杨美术馆、日式茶园、莎士比亚花园等。（见图 200—图 201）

200

201

8. 圣地亚哥巴尔波亚公园（Balboa Park）

1835 年始建的巴尔波亚公园，位于圣地亚哥市北区，面积为 4.9 平方公里，内有大面积开放绿地、花园、植物园、日式庭园及著名的圣地亚哥动物园。园中还有 14 个博物馆、4 个剧院、1 个美术馆、1 个综合运动场。这里是圣地亚哥的文化、旅游中心；1977 年被列为美国国家历史名胜、美国国家历史地标区域；是 1915 年世界博览会旧址。

9. 洛杉矶格里菲斯公园（Griffith Park）

1986 年由格里菲斯将军捐赠，面积约为 17 平方公里，是北美最大的都市公园之一。公园保留了早期印第安人的生活遗迹。园内有山林、大草坪、人工湖、动物园、博物馆、高尔夫球场等。在这里可俯瞰洛杉矶市容。

10. 休斯顿赫尔曼公园（Hermann Park）

赫尔曼公园位于休斯顿市中心西南，兼有古典和现代园林风格，获 2005 年 ASLA 综合设计荣誉奖。

园内有大片森林、大草坪、人工湖，河流，湖里有大喷泉。中轴线对称的绿色广场，两侧为树林，外有欧·杰克米切尔花园和松树园，中间是宽 24.3 米，长 225.5 米的倒影池，两头分别建有凯旋门和纪念雕像。园内有 1920 年栽的橡树行道树，还有动物园、游览小火车。11 月底至 12 月底，每周五晚到周日晚，公园会举行灯光游园活动。据统计，赫尔曼公园每年接待 600 万人次游客。

5.2.2　河滨、湖滨、海滨公园

许多公园临水而建，风景宜人，如纽约哈德逊河公园、路易斯维尔市滨水公园、芝加哥林肯公园、南波士顿海洋公园。

1. 纽约哈德逊河公园（Hudson River Park）

哈德逊河公园位于曼哈顿岛西侧，从炮台公园开始，沿哈德逊河滨，向北连接河滨州立公园等，横跨几十个街区，面积约为 2 平方公里。公园由原沿河的码头改建而成，1999 年动工，2008 年建成开放。这里有 4 公里林荫大道、大面积草坪和花园、8 公里长的慢跑和自行车道，还有划船俱乐部、滑板公园、儿童乐园、遛狗公园、篮球场等。该项目获 2015 年 ASLA 奖。（见图 202—图 205）

202

203

204

205

2. 路易斯维尔市滨水公园

肯塔基州北部路易斯维尔市的滨河公园，住于俄亥俄河南岸，面积 48.56 公顷。原为遗弃的工业用地，1999 年完成改建的、位于两座大桥间的公园一期约 20 公顷，其中 8 公顷设置了大草坪、节庆广场、码头、瞭望台等，另 12 公顷为布局较自然的疏林、草地、环路等。二期工程 2003 年竣工，有林荫道、起伏草坪、台阶草坪、组合喷泉等。

3. 芝加哥林肯公园（Lincoln Park）

林肯公园原是座城市公墓，1864 年改建成公园。公园现占地 490 公顷，是芝加哥最大的公园。公园毗邻密歇根湖，湖滨长 11 公里。公园内有 4 个温室、16 个培育室的植物园，每年举办 4 次花展；有著名的动物园；有标志性的阿尔弗雷德·考德威尔百合池、自然保护区、候鸟保护区和以交互式蝴蝶馆闻名的自然博物馆；有众多棒球场、篮球场、垒球场、网球场、排球场及一个高尔夫球场和健身中心。（见图 290）

4. 南波士顿海洋公园（Maritime Park）

2004 年开放的波士顿海洋主题公园，由起伏的大草坪、树丛葱郁的遥望绿廊及记录百年海洋历史的艺术品等组成。园中采用了低反照率、渗透良好的预制岩粉铺面及雨水收集利用设施；并选用耐腐蚀植物品种，及升高地形，以防海水侵入。该项目获 2006 年 ASLA 综合设计奖。

5.2.3　口袋公园

纽约的市中心建筑拥挤，面积较大的公园不多，然在道路中间的隔离带及街头边角，见缝插针地辟建了许多口袋公园（Pocket Park），又称"袖珍公园"。这些公园因地制宜，空间布置巧妙且紧凑。如位于纽约 53 号大街著名的佩里公园（Paley Park），1967 年开放，是一座仅 390 平方米的口袋公园，由罗伯特·泽恩（Robert Zion，1921—2000）设计。公园三面环墙，墙外是高大的公寓楼，公园入口对着大街。其中以 6 米高的水幕瀑布为背景，瀑布的流水声掩盖了周围的喧嚣，晚上霓虹闪烁。两侧墙上爬着藤本植物，其间

用树阵、跌水、小品、时令盆花配置，还布置了许多轻便的单人铁丝座椅和灵巧的小桌。这种小公园选址灵活、"见缝插绿"、用地很少，效果良好，被广为模仿，如费城的一个口袋公园。

5.2.4　高架公园

在闹市中心高架桥上建公园是一个创举，如纽约高线公园、西雅图高速公路公园。

1. 纽约高线公园（High Line Park）

著名的纽约高线公园，是一座位于曼哈顿中城西侧的线型空中花园，高 8 米，长 2.4 公里，横跨 22 个街区。登上花园，透过高架路上生长茂盛的树木花草，繁华的曼哈顿城区和优美的哈德逊河景色尽收眼底。这里原来是一条高架货运铁路线，1980 年停运报废。2006 年开始改建施工，2009 年、2011 年、2014 年，一、二、三期工程分批完成开放。2016 年全线竣工。

高线公园保留了几小段铁路，新栽 300 多种精选出来的植物交织在一起。路面由混凝土与木板有缝锥形交接，便于雨水收集，并与植物交织融合。公园不用化肥农药，不洒融雪剂。沿路设置了许多线条流畅、造型美观、用回收柚木制成的木凳、靠椅和桌子。这里既有开阔的通道，又有一个个休憩拐角，还有观景台、雕塑小品、饮水器、垂直升降电梯，整个公园可无障碍通行。长条木椅下铺设了连续的 LED 灯，一些大树上面交叉成荫，视野开阔，景观独特，人们在此漫步、赏景、纳凉，感觉格外的心情舒畅。

非营利组织"高线之友"筹集了公园建设资金的 70%，并参与公园管理。

高线公园的建成，不仅为建筑拥挤、绿地紧缺的曼哈顿西区辟出了一条优美的空中景观道，改善了生态环境，也为市民提供了一处独特的休憩、散步场所，从而成为纽约市景点中单位面积游人最多的地方。而且促进了周围经济的发展，使周围城区常居人口增加了 60%。该项目获 2013 年 ASLA 综合设计杰出奖。（见图 206—图 208）

206

207

208

2. 西雅图高速公路公园（Freeway Park）

西雅图高速公路公园位于西雅图市中心 5 街和 SENECA 街交界处，在西雅图会议中心附近。公园占地 2.2 万平方米，长 400 米，跨越了十车道的高速公路，在市中心形成南北向的峡谷，由美国现代园林设计第二代代表人物之一的劳伦斯·哈普林（Lawrence Halprin）设计。沿着公园的台阶，上上下下，左转右拐，有时较窄，有时开阔，然沿途都栽植高大的乔木，浓荫铺地；还有灌木、花卉、草坪、喷泉、跌水和众多的座椅、凳子。公园较低层的杜鹃、赤杨和较高层的道格拉斯冷杉，体现了设计师对自然景观的向往。透过树木，可近看远眺周围许多高楼大厦，且挡住了车道的噪声，为西雅图这座绿意浓郁的"翡翠城"增添了一处空中花园。（见图 209—图 210）

209

210

5.2.5 纪念性公园

美国对保护纪念历史、文化较为重视。除国家公园系统有国家历史公园，州立公园有历史、文化保护内容外，城市中不断有纪念性公园新建，如富兰克林·罗斯福纪念公园、华盛顿纪念碑公园、纽约9·11纪念公园等。

1. 富兰克林·罗斯福纪念公园（Franklin Roosevelt Memorial Park）

公园由劳伦斯·哈普林设计，位于华盛顿杰佛逊纪念堂和林肯纪念堂之间，内有组合瀑布、喷泉、池塘、雕塑等，表现罗斯福任总统不同阶段时美国的重要事件。第一个庭院由岩石顶倾泻而下的瀑布，象征罗斯福总统的平顺与活力。第二个庭院有"绝望""饥饿""希望"3组雕像，寓意大萧条时期。第三个庭院有凌乱的岩石，象征第二次世界大战的惨状。第四个庭院以舒适的弧形广场、平静的水景等，象征战后的和平、复苏。

2. 华盛顿纪念碑公园（Washington Monument Park）

占地29万平方米的华盛顿纪念碑公园，是供民众集会、庆祝和休息的场所。重新设计建成的公园，以一圈76.2厘米高的大理石矮墙，流畅、优雅、低矮宽大的坐凳，阻止了车辆的进入；加上植被、照明及无障碍可达性等，呈现出大气、简洁、美观的风貌和方便参观的良好效果。该项目荣获2008年ASLA综合设计荣誉奖。（见图211—图212）

3. 纽约9·11纪念公园（9·11 Memorial park in New York）

占地3.2万余平方米的9·11纪念公园，建于9·11事件原址，由迈克尔·阿里德（Michael Arad）和彼得·沃克（Peter Walker）设计。园中巨大的2层下凹空洞人工瀑布水池，提示令人痛心的缺失，水池周边刻着遇难者的名字。公园里种植的416株橡树，随季相变化，寓意生命的循环与再生。该项目获2012年ASLA综合设计荣誉奖。（见图213—214）

211

212

213

214

5.2.6 雕塑公园

美国有不少雕塑公园，2011 年，雷诺女士与《今日美国报》记者拉里·布莱伯格提出了"美国十佳雕塑公园"，如始建于 1931 年，占地 121.4 公顷的南卡罗莱纳州布鲁克林花园，是美国首座官方设定的公共雕塑公园，是美国形象主义雕塑最集中的展区。

洛杉矶的富兰克林·墨菲雕塑花园（Franklin D. Murphy Sculpture Garden），有"沉思"等 20 世纪最精致的室外雕塑 70 余件。

密歇根州大急流城雕塑公园，占地 52.6 万平方米，将雕塑与自然融为一体，2011 年引入洛克希·潘恩的名作"神经元"。

建于 19 世纪的波士顿花园墓地富丽山墓园的众多雕塑中，有林肯雕像作者丹尼尔·切斯特·弗伦奇（Daniel Chester French）的 96 件作品。

新泽西州中部汉米敦的大地雕塑公园（Grounds For Sculpture）中众多平民百姓的雕像栩栩如生。17 万平方米的公园里，近 300 座雕塑分别巧妙地布置在开阔的草坪上、浓密的树林中、静谧的湖边，将自然环境及人们日常的生活场景和谐地融合一体。许多人物雕塑以一比一的比例，将人们生活中的情趣，微妙地呈现出来，一座座雕塑仿佛注入了勃勃生机，妙趣频生。如蹲在地上移栽花卉的园艺工人、扛着梯子的油漆匠、递"热狗"的小贩、拿着咖啡壶和抹布的服务员、灼热相视的恋人

等，不仅形象逼真，并在人物雕像周边配以真实的设施，显得格外生动、亲切。还有那巨雕"胜利之吻""永远的梦露"，林肯的"再次访问"等，人物动作与表情都那么自然。这些作品的艺术语言与风格，丰富、大胆、创新、贴近民众、贴近生活、贴近时代，打破了雕塑的传统模式，开辟了现代雕塑的新途径。

大地雕塑公园由美国雕塑家、慈善家苏厄德·约翰逊（Seward Johnson）于 1989 年创建，1992 年对公众开放。其中的雕塑多半是美国和国际著名或新兴雕塑家的作品。该公园被评为美国最雅致雕塑公园。（见图 311—图 318）

其他还有位于西雅图海边的奥林匹克雕塑公园等。

5.2.7　棕地改造成的公园

这些年来，一些美国风景园林设计师成功地把受污染的废弃地或工业遗址改造成公园，如世界上第一个工业遗址公园西雅图煤气厂公园（Gas Work Park）。1970 年，由理查德·哈格（Richard Haag, 1923—　　　）设计，将报废的西雅图煤气厂的部分构筑物设备保留下来，逐步改良和置换了污染的表土并铺上草坪，废弃建筑垃圾用作公园建材。公园的改造既保留了工业历史记忆，又减少了拆除费。游客在此可远眺西雅图城市景色，也可晒日光浴、纳凉及放风筝。该项目获 2011 年 ASLA 最高奖。（见图 215—图 216）

215

216

亚特兰大 Historic Fourth Ward 公园原先是遍地垃圾的不毛之地，雨水径流泛滥。在社区居民、企业、城市径流管理部门合作推行的亚特兰大环线项目（Atlanta Beltline）下改建成公园。园中有 6.9 万平方米绿地，8000 平方米湖面（可蓄雨水和公园灌溉），"拯救"了城市雨水隧道系统。公园建有人工瀑布、卵石小溪、湖泊、运动场、露天剧场，具现代园林风格。这里未来还准备建世界级滑板公园、游乐场等。

5.2.8 街心花园和社区公园

美国的城市中有大量离市民住处不远的街心花园（Community Park），虽面积不大，但分布较均匀。公园里多半是简洁的大树、草坪、花卉、喷泉、雕塑、小品，人们可在此悠闲地读书、看报、散步、聊天、游戏、纳凉、晒太阳。（见图 217—图 222）

217

218

221

222

5.2.9　遛狗公园

美国的城市与郊区，都有一些专供遛狗的公园（Dog Park），在城区的这种公园面积较小，在郊区的则较大。公园内有供狗饮水的设施及收集粪便的塑料袋。这里，狗与狗之间、人与人之间、人与狗之间相聚交流，轻松愉快、各得其所。（见图 223）

5.2.10　盲人公园

美国专门建造了一些盲人公园（Garden for the Blind），如纽约布鲁克林植物园中的香草蔬菜园、西雅图芳香园、俄亥俄州凯霍加县首府的贝蒂奥德盲人语音公园等。用众多芳香花卉、不同外形的可触摸植物、盲人文字解说、语言介绍及无障碍通道等，让盲人领略、享受自然。

5.3　美国城市公园的特点

人工建造的城市公园与天然的国家公园、州立公园不同处，主要体现在以下几个方面。

（1）公园里的树木花草由人工精心选择、组合、布局；

（2）公园里建有园林建筑、小品、雕塑、喷泉等；

（3）公园景观模拟自然，经艺术提炼、浓缩，显得更丰富多彩；

（4）常采用新技术、新材料，使景观更新颖、更时尚；

（5）常包含着当地的历史、文化内涵；

（6）有较完善的游览服务设施与内容。

223

5.4 美国城市公园的管理

美国各个城市依法由专门机构与组织对公园进行管理和为市民、游客服务。如纽约市公园与游乐场地规章与条例规定：禁止损坏或污染公园公共资源、财物；不得喧闹、演奏乐器；不得留下废物与垃圾；不得张贴告示、广告；不可携入飞行器；不得侵扰公园里的动物；不得爬树、栏杆、雕像、喷水池等；不能进行商业性摄影。

对集会、展览、叫卖、募捐、骑自行车、划船、野营等有限制性规定，因各公园、各区域、各时段而异。

许多公园采取了可持续发展措施，如圣路易斯的盖特威商业中心的一个公园，栽植当地植物、铺就暴雨泄洪设施、地面坡度低于5%，不需再建无障碍设施等。

除了由政府投资建造、管理公园外，还有私人捐赠、捐助和协同管理，以及非营利性质发展公司或商业部门的参与等。

第 6 章 优雅的住宅绿化

6.1 美国住宅绿化概况

不论是城市、郊区还是乡镇，美国的住宅主要是由公寓、联体别墅和独立别墅组成。公寓与联体别墅的绿化，以住宅外公共绿地为主；郊区的联体别墅，每户住宅往往另有较小面积的花园，由居民自己种植管理。而独立别墅，尤其是郊区的独立别墅，则多数有较宽敞的私家花园，其中树林、草坪、花卉配置合理、管理精细。多数住宅花园，无围墙遮挡，或只用简单的栅栏分隔，一家又一家私人花园联成一片。有的高档别墅住宅区，每户的花园面积较小，却有占地面积很大的公共绿地，这些绿地的产权属住宅区全体居民共有，由居民出资委托物业管理部门养护管理。也有少数住宅，用高于人的"密不透风"的木围墙，把花园和住宅完全与公路隔开。也有一些郊区住宅隐藏在自然林后，保持较高的私密性。在住宅区的公共绿地中常建有池塘、喷泉和凉亭，还有网球场、篮球场、游泳池、健身器材及儿童娱乐设施等，相邻的住宅小区间，有的以密集的自然林间隔。

6.2 美国住宅绿化的设计理念和效果

在美国住宅区绿化和住宅花园的发展过程中，许多优秀的风景园林师推出了众多精品佳作。如弗兰克·斯科特（Frank J. Scott，1828—1919 年）于 1870 年发表《郊区小尺度住宅庭院的美化艺术》，提出住宅庭院设计的模式："通过各种植物不同的生长形态来构图成画。"他提倡"邻里间保持植物的一致性，不必用栅栏与篱笆隔开，从而形成大规模的居住花园景观"。老奥姆斯特德对其评价说："可以说是唐宁先生'造园艺术'以后在美国出版的同类作品中最有价值的。"对美国郊区住宅花园产生了重要的、长久的影响。

小罗伯特·勒德洛·福勒（Robert Ludlow Forer，1887—1973 年）建造的花园 "看上去似乎是按照自然演替规律成长起来的，而非靠人力之指导"，"且与其建筑及性质相协调"，达到整体和谐。他的景观设计融合了当时占优势的法国、美国、意大利、日本四大流派的基本特征。他曾任美国风景园林师协会主席。

罗斯·伊什贝尔·格里利（Rose Ishbel Greely，1887—1969 年）特别重视房屋和花园的整体性。她的花园设计常借用场地周围景观，结合现有地形、植被。运用地方性艺术风格及乡土植物，使其作品中的建筑显得十分柔和。

詹姆斯·格林利夫（James L. Greenleaf，1857—1933 年）设计的乡村别墅，精心布置的树木看上去十分随意，规则的几何建筑与不对称的植物协调配组，使粗糙的砖石建筑形象柔化。他于 1923—1927 年任美国风景园林师协会主席。

埃伦·比德尔·希普曼（Ellen Biddle Shipman，1869—1980 年）总共设计了 600 个花园，是改变 20 世纪初美国花园特征的几位杰出女性风景园林师先驱之一，被《住宅与花园》誉为"女性景观设计中的主教"。

路易斯·谢尔顿（Louise Shelldon，1867—1934 年）于 1915 年及 1924 年两次出版的《美国的美丽花园》（*Beautiful Gardens in America*）介绍了全美各地成百上千个花园，代表了乡村别墅时代典型的景观风格，一定程度上反映了美国景观设计的发展历程。

詹姆斯·凡·斯韦登（James van Sweden）设计事务所的景观设计方法是"新美国花园"（充满野趣的自

然花园）的典型表现，突出表现自然景观的不断变化和经久不衰。花园设计不采用传统花园对植物生长的人工约束的做法，植物的选择与维护尽量粗放；用借景将外界自然风景纳入所设计的花园；利用和制造地形变化和自然水景、仿自然水景等丰富景观。

6.3 美国住宅绿化的共性

美国住宅绿化的形式与内容丰富多彩，然而具有一些共同的特点。

1. 发扬地域特色，优化居住环境

住宅花园的营造，注意保护自然资源和自然系统，充分利用地质、地形、水文、气候、社会条件，减少负面影响；努力解决、减缓场地缺陷，尽可能发挥和强化场地优点；发扬地域自然特点，表现地域人文特色，努力优化居住环境。

2. 以满足功能要求为前提

住宅区和私家花园的绿化，尽量满足居民的休息、娱乐、健身、交流等要求，树木的种类、大小、高低和布局，尽可能实现沐浴阳光、避开寒风、遮挡烈日等功能。

3. 营造优雅亮丽的景观

住宅区采用的植物，观赏性强，落叶树、常绿树、乔木、灌木、草坪草、地被植物、花卉、藤本植物、彩叶植物、观赏草等协调配置。除修剪造型的乔灌木外，多数树木任其自然生长，树冠姿态丰满、潇洒，入冬后各种落叶树呈现千姿百态的株形。绿地养护精细，植物生长健壮，无论是鲜花盛开的春季，浓荫满铺的夏日，色彩缤纷的秋天，还是白雪降临的隆冬，整个居住环境力求自然、舒畅、精美。

4. 追求良好的生态效应

在保证住宅区有较大绿地率、绿视率的基础上，多半采用适生性、抗逆性、观赏性良好的乡土植物和能稳定持续发展的植物群落结构、布局。另外，果树、鸟嗜植物、蜜源植物等的种植，为生物多样性创造条件，使住宅区常有悦耳的鸟鸣声、跳跃的松鼠，生机盎然，空气清新，生态环境良好。

一些优秀的住宅景观设计，尤其注重住宅与周边自然环境的融合。并努力把室外活动空间设计成为住宅与自然环境的美丽过渡，包括精心挑选乡土植物材料，栽培植物品种与野生品种和谐的结合。

5. "典型住宅"的景观设计方法

从北面的新英格兰地区到南端的佛罗里达州，从东部大西洋沿岸到西部濒临太平洋的加利福尼亚州，有众多被称为"典型住宅"的独立别墅，其景观空间有一套类同的设计模式。如住宅面向街道的前院，多半呈开放式，除侧面的车行、人行道外，其余大部分花园铺满翠绿的草坪和散植的树木花草。住房的基部常栽植修剪整齐、有一定造型的常绿灌木。每户住宅与相邻住宅以草坪相连而不分隔，沿街形成优美的风景道。

住宅的后院，面积多半比前院大，以宽畅的草坪为主体，大树、花灌木层次分明。除了靠椅、桌子、遮阳伞，不少人家放置秋千、蹦床等儿童娱乐器具，也常有平台、花架、凉亭、小品、游泳池。住宅的侧院，一般较为狭窄，但也常以草坪为主，配植一些树木花草。

6.4 美国住宅绿化的个性

美国国土辽阔，气候地理环境各异，植物种类和植被群落结构丰富；移民之国民族众多，文化与风土人情不同，民众崇尚自由、独立，从而使各地的住宅绿化和各户的住宅花园各有一定的个性和特色。漫步在住宅区，很难看到两幢完全相同的住宅建筑，而住宅的花园景观，也同样在设计形式、内容、风格以及配置布局等方面千姿百态，各有各的特色与风貌。每年 ASLA 会评选出一些富有新意的优秀住宅花园设计奖。库珀和吉伊（Cooper & Guy）1996 年发表的《创意的私家花园》，和詹姆斯于 1998 年发表的《转变——21 世纪的私家花园》等，介绍了许多具有现代园林风格的新颖住宅花园。经过两百多年的努力，住宅花园已成为美国风景园林中令人深感亲切、温馨的出色组成部分。（见图224—图257）

224

225

226

227

228

229

230

231

232

233

234

235

236

237

238

239

240

241

242

243

244

245

246

247

248

249

250

251

252

253

第 7 章　缤纷的植物园

7.1　遍布全美，各有特色

美国已建立起 300 多个植物园，遍布本土东西南北、飞地阿拉斯加、夏威夷及一些海外属地。这些植物园以丰富多彩的植物资源和当地独特的自然景观，成为美国风景园林中精彩的组成部分，每年吸引 3500 余万人次游客前往观赏，领略植物世界的美艳和神韵。其中较为著名的有位于东北部的纽约植物园、华盛顿国家植物园、波士顿哈佛大学的阿诺德树木园、宾夕法尼亚州的长木公园，位于中部的密苏里州圣路易斯的密苏里植物园，位于中西部的凤凰城的沙漠植物园、南加利福尼亚州太平洋海滨洛杉矶的汉庭顿植物园，以及濒临大西洋的亚特兰大植物园等。各植物园以本地植物为主体，也各自引入不同地区、不同种类的世界各地植物。许多是由私人花园、庄园捐给国家变成的郊县公园，收集了很多植物品种，并插上植物学名等牌子，形成一个个中小植物园。许多大学有规模大、植物种类多、各具特色的附属植物园。

7.2　丰富的植物景观

成千上万种植物集聚在一起的植物园，形成了高度"浓缩"的多姿多彩的植物景观，让人目不暇接、流连忘返。如纽约植物园有 1.8 万种植物；洛杉矶圣玛利诺市的汉庭顿植物园有 1.5 万种植物，其中仙人掌、多肉类植物就有 4000 多种；芝加哥植物园有 9000 多种植物，其中有 400 多种是观赏蔬菜和瓜果；波士顿哈佛大学的阿诺德树木园有 6000 多种木本植物，以收集众多东方

观赏乔灌木闻名。美国国家植物园仅杜鹃、芍药、萱草就有 1.5 万种；长木公园有 1.1 万种花卉；加州大学伯克利分校植物园，有 2 万种植物，其中兰花 950 种、仙人掌 2670 种，百合 1190 种，向日葵 1150 种，蕨类植物 500 余种。玛丽色贝植物园占地仅 3 公顷，却有上万种喜阴湿的植物，其中有兰花 3600 种，凤梨 2700 种，成为世界兰花研究、鉴定中心。布鲁克林植物园的蔷薇园，有壮花、丰花、微型、藤本月季和蔷薇 5000 种；塞班植物园有热带植物 2000 多种；亚特兰大植物园有代表世界上几乎所有松属植物的矮生针叶树 200 余种、苏铁 100 余种、90 余种棕榈和上千种兰花。

不少植物园有植物专类园、主题园，以丰繁的植物种类和优美的园林风光，形成各具特色的植物景观。如纽约植物园有松柏园、百合园、丁香园、杜鹃园、玫瑰园、岩石园、示范园等 50 个专类园及 0.2 平方公里橡树、桦木、樱桃、白蜡、山毛榉等 200 多年树龄的原始林。游人量居美国第二位的芝加哥植物园有四季花团锦簇的球茎花园，芳香浓郁、质感明显、声音悦耳的多感花园，情趣典雅的英式传统花园，质朴宁静的日本园，充满野趣的北美草原、大湖水生园，蔬菜园等 26 个专类园。世界三大著名植物园之一的密苏里植物园，有英格兰树木园、杜鹃园、百合园、鸢尾园、萱草园、玉簪园、木兰园、黄杨园、松柏园、宿根花卉园、岩石园、沙漠植物园、香花植物园、中国园、日本园、雕塑园等。长木公园有玫瑰园、紫藤园、兰花园、王莲与睡莲园、造型植物园、家庭园艺展示园等 20 多个专类植物园和展览温室。亚特兰大植物园有矮生针叶树园、草药园（美国草药学会每年在此举办药草教育日）、藤架园、妙趣横生的儿童花园、岩石园、宏伟壮丽的热带植物和沙漠植物展示温

室等。布鲁克林植物园有美国第一个为盲人建造的芳香园，世界上最早的儿童乐园，有 1200 个品种的美国最大最好的格兰佛德玫瑰园，有 300 余种药草、食用、芳香和装饰性草本花卉的草本园，有 150 多个品种的丁香园，有 8 个地理分区的野生花卉乡土植物园，莎士比亚花园、意式奥斯本花园等 20 多个专类园。汉庭顿植物园有美国最大的、1300 个品种的山茶花园、有 200 多种棕榈的棕榈园、有 150 种桉树的澳洲园、亚热带植物园、香草园、沙漠花园等。

7.3 深入细致的科研、科普工作

众多的美国植物园都以深入的科研、完善的科普工作为植物园发展的基础，这为美国风景园林提供了源源不断的新优品种。以坚实的规划设计为科学依据，加之有效的栽植、养护保障技术，促进了生物多样性的保护与可持续发展，加深了广大民众对生态保护的重视和园艺知识的普及。如纽约植物园 300 多年来收集了植物标本 700 万份，图书 20 万卷，资料 50 万份；每年接待来自世界各国的科学家从事植物基因研究、分子系统学、植物与疾病关系等数百项研究，不断发现与命名植物新种与新品种；出版《植物学回顾》《经济植物学研究进展》《纽约植物园稿件》等 6 种刊物。阿诺德树木园收藏标本 130 多万份；设有植物分类、植物化学、遗传育种等实验室，出版《阿诺德树木园植物学报》《阿诺德树木园》等杂志。密苏里植物园有 50 名博士学位及以上的科学家，100 多名技术人员，主要研究中美洲及南部热带植物，收集世界各地沙漠地区、地中海型气候区和潮湿热带地区植物。收藏的 300 万份标本中有 30 万份非洲植物标本，其中许多可作经济植物、药物。

长木公园有完善的科研基地和精干的科研队伍，他们把从世界各地引入的植物，在基地内经长期的栽培试验和观察分析，从中找出观赏性、适生性、抗逆性良好

的种类和品种收集与展出，从而使公园展示的成千上万种花卉，年年月月有崭新亮丽的面貌，令人百看不厌。

除观赏效应外，美国植物园的科研工作还对医药、食用、工业应用，地球生态保护等众多领域进行长期深入研究，不断取得成效。

美国所有的植物园，都将科普工作作为最重要的工作之一，其内容与方法与国家公园相似。植物园中科普宣传设施相当完善，提供细致免费的咨询服务。密苏里植物园开通 24 小时园艺热线电话，提供园艺信息和技术咨询服务。许多植物园每月举办植物学、园艺栽培、园林设计等课程，还组织可参与的园艺种植、养护等活动，让人们更多、更深入地认识自然、欣赏自然、保护自然。

7.4 秀丽的园林设计

美国的植物园，不仅收集丰富的植物资源，而且通过精心的设计、布置，形成各具特色的园林胜景。

宾夕法尼亚州的长木公园是美国最美的九大花园之一。在长木公园野花遍布的开阔疏林草地中，沿着百花盛开的曲径通道，可以看到气势宏伟的组合音乐喷泉、银光闪烁的意大利水池、乐曲舒缓的露天剧场。踩着松软的木屑小径穿过树林，可以见到浓荫下生机勃勃的大片开花地被植物、波光粼粼的湖水中嬉戏的鱼儿、古朴典雅的钟楼凉亭，还有栩栩如生的造型树、种类繁多的家庭示范花园、人文荟萃的杜邦故居，以及那呈现出精美、亮丽的各类花卉和观赏植物景观的一个个展览温室。（见图 258—图 280）

芝加哥植物园有 30 公顷湖面和一些岛屿，湖岸线长达 9.6 公里，有 40 公顷天然森林和 6 公顷草原，呈现出大气而舒畅的自然景观。精致、艳丽的中心花园，四季变幻的球茎花园，情调浪漫的英式花园，与自然风景完美结合，形成一幅幅画一般的风景。（见图 281—284）

263

264

265

266

267

268

269

270

271

272

273

274

275

276

277

278

279

280

281

282

283

284

占地 8.74 平方公里的密苏里植物园也是美国最美丽的九大花园之一。园中飘浮着王莲的湖面，高大的球形网格温室的倒影，以各色鲜花拼成精美立体图案的花坛，苍劲青松和杜鹃花海中源源不断、喷涌而下的瀑布，碧波荡漾的水面上、花木拥簇的曲曲折折的木栈道，垂吊着串串丰果的荫浓的棚架之路，纤巧、幽静的日式庭园，处处是景、意蕴无穷的中式园林等，令人心旷神怡。

被誉为全球最美的十大植物园之一的凤凰城沙漠植物园，拥有众多形状、大小、颜色各异的多肉类植物，通过精心配置布局，让人仿佛走进一个众"仙"云集的童话世界。仙人掌、仙人球、仙人卷、仙人柱、仙人山，有的如利剑刺向蓝天、有的如擎天柱顶天立地，有的似无数绣球洒向大漠，呈现出一片如同天然的沙漠景观。

太平洋中的塞班植物园，采取自然式布局，地形高低起伏，湖泊、坡地错落有致，曲折蜿蜒的小径通向密林深处。顺着高大的假槟榔漫步，会发现各种充满土著风情的小品石，令人印象深刻。穿过密林踏着石级登上瞭望台，面对蔚蓝、浩瀚的太平洋，凉风拂面，心旷神怡，遐想无穷。

华盛顿国家树木园、纽约植物园与洛杉矶植物园，根据气候与地理条件的不同，用地带性植物与温室中的异地引入植物，及地区文化意境，营造了各有特色的景观。（见图 285—图 288 的华盛顿国家树木园、图 289—图 295 的洛杉矶植物园、图 296—图 301 的纽约植物园）

290

291

293

294

295

296

7.5　多元的建设与管理

美国植物园的建设资金，有来自政府拨款，也有民间基金会或私人捐助，有的是私人捐赠，政府再改造、提高。如著名的长木公园，是杜邦家族故居花园，由后代捐给国家。植物园的管理既有单一的管理部门，又有多元的管理方法，如西雅图的华盛顿大学树木园，由大学与市政府联合管理：大学负责植物收集、科普教育；市政府负责建设、维修，还有 3000 多位志愿者承担基金会的捐助和分担树木园工作。树木园占地面积 0.92 平方公里，有 550 多种植物，原有 30 多个专类园，20 世纪 90 年代又增加 21 个专类园。

附：美国自然植被的地理分布

1. 亚寒带针叶林区：东北部加拿大边界；

2. 温带落叶阔叶林区：东部靠北（从缅因州到明尼苏达州等）；

3. 亚热带常绿阔叶林区：东边的中南部（由北向南，从马里兰州直到佛罗里达州，由东向西至阿肯色州、路易斯安那州）；

4. 温带草原区：中部地区，现在很大部分为农牧地；

5. 温带沙漠区：中西部高原山地的一部分；

6. 温带海洋性气候植被区：西部靠北的太平洋沿海地区，包括飞地阿拉斯加州南部；

7. 类似地中海气候的植被区：太平洋沿海；

8. 亚热带沙漠和草原植被区：西南部；

9. 寒带大陆性气候植被区：阿拉斯加州北部北极圈中的内陆部分；

10. 亚温带干冷气候植被区：阿拉斯加州中部内陆；

11. 热带海洋性气候植被区：飞地夏威夷州的东北坡多雨，为热带雨林区；西南坡干燥，多为热带草原植被。

第 8 章　生机盎然的绿道

20 世纪中叶开始，美国开始尝试对各类绿地空间进行连接。自 20 世纪 70 年代以来，已逐步开拓建起了千余条绿道，建设形成绿道网络。

美国是绿道的发源地和主要实施者，在美国的风景园林体系中，绿道以自然的风景走廊，连接着城乡各级、各类风景园林绿地、历史纪念地和人文景观，逐步形成由国家、州和地方风景道组成的国家风景道体系。

8.1　美国绿道的概念、名称与分类

沿河流、湖泊、海岸、山脊、废弃铁路等开辟、建造的绿道，是交通与旅游、休闲相结合的景观道路，具备受保护的、自然生态良好的特征，拥有优美风景、休憩功能和文化历史等价值，连接起非线状风景园林绿地的通道。

美国的绿道（Green Way），又称绿廊（Green Corridor）、风景道（Scenic Byway）、公园道（Park Way）、生态廊道（Ecological Network）、遗产廊道（Heritage Corridor）。

从绿道的属性和功能来分，美国的绿道可分为自然生态廊道，河岸、湖岸、海岸绿道，徒步及自行车小径，车行风景道，历史文化风景绿道和绿道网络等；从绿道等级来分，可分为区域绿道、州级绿道、国家风景道等。

美国的绿道，绝大部分不是人工建成的，而是在原始森林、废弃铁路中开辟步行道、车行道，两侧是自然森林、草甸、山川等。

8.2　美国绿道的发展历程

1. 初级阶段

美国现代园林的鼻祖弗雷德里克·劳·奥姆斯特德1865 年提出了公园道（Park Way）的概念。

1867 年，奥姆斯特德等规划设计的波士顿公园体系中，有一条 16 公里长的著名的"翡翠项链"，于 1890 年建成，是美国最早规划建设的绿道。1868 年，奥姆斯特德与沃克斯设计了水牛城公园连接系统，同年，又设计了芝加哥公园道。1903 年，奥姆斯特德兄弟继承和发展其父亲的规划设计理念，建设完成波士顿绿道 40 公里体系，后扩展至 225.4 公里。

1913—1930 年，纽约建起了长数百公里的 4 条公园道，形成了早期国家风景道的雏形。

1923 年沃伦·曼宁（Warren Manning）开始做包括48 个州的第一个绿道规划。

1932 年，弗吉尼亚建成纪念美国第一任总统的维农山纪念公园道。这是联邦政府主持兴建的第一条公园道，其最小宽度不少于 61 厘米，公园两侧是美丽的绿地。道路设计中注重景观面貌保护和历史特征的呈现，其中有步行道和自行车道，被公认为最杰出的纪念性景观道。

在绿道形成的初级阶段，绿道建设主要强调道路的景观美化，多半局限于城镇和乡村的地方区域范围，且主要由投资商修建。

2. 综合发展阶段

随着社会经济的发展，20 世纪 40 年代以后，绿道的建设开始向综合性和多样性方向发展，并更注重对景

观、历史文化和生态环境的保护。另外，政府的介入和穿越州界，也加强加快了绿道的建设发展。在此阶段，不少绿道已形成相当大的规模，如 1938 年建成开通的阿巴拉契亚国家风景小径（Appalachians Trail），穿越美国东部 14 个州。1968 年美国颁布了《国家步道系统法案》，总统签署了国家绿道行动计划，将阿巴拉契亚绿道作为国家第一个风景绿道。1938 年开始沿密西西比河建造长达 3000 公里的"大河路"（Great River Road）。20 世纪 30 年代开始兴建的蓝岭公园道（Blue Ridge Parkway）长 755 公里，加利福尼亚州太平洋海岸建设上千公里长的 1 号公路，还有横贯东西部，长 1584 公里的 66 号公路等。

3. 完善成熟阶段

20 世纪 70 年代开始，美国出台了一系列风景道研究报告和法案，建立了由美国联邦公路管理局管辖，由泛美风景道（又称全美风景道）、国家风景道、州际风景道和地区风景道组成的风景道体系，有效地促进了国家风景道体系的规范化、规模化和快速发展。其中，仅美国东北部的新英格兰地区 6 个州，绿道总长已达 6 万多公里。

1995 年，"国家风景道计划"出台，依据该计划的规定和标准，1996—2005 年间共评选出 32 条泛美风景道和 133 条国家风景道，遍布各州；与国家公园系统的自然风景河道、自然文化遗产廊道等协调发展，逐步形成国土绿色廊道网络。美国《国家地理》杂志出版图书推荐和具体介绍了 300 条风景道。1998 年举办了全美第一次游步道、绿道会议，并庆祝美国已把 1.6 万公里废弃铁路改为绿道。如今，美国绿道已近 2000 条，总长 10 万公里，居世界之首，并在不断增加和完善且设想将 25 万公里的废弃铁路逐步改为绿道。最近，已投入巨资，计划在东海岸建一条从加拿大边境到佛罗里达州的长达 4500 公里的高等级绿道。

如今，绿道对道路交通、旅游休憩、自然环境和人文历史保护、城乡建设及带动地方经济发展等都发挥着越来越重要的作用。

8.3 美国绿道的特点

1. 网络化

（1）覆盖面广：绿道遍布各州、各地；

（2）可达性高：绿道与其他交通连接，民众可快速到达；

（3）连通性好：绿道连通了城乡自然、人文景区。

2. 保护自然环境

最大限度地保留原始植被与原生态环境，人为栽植、调整、干扰较少。建设了生物廊桥或涵洞，方便野生动物迁移，服务设施采用可循环低碳建材。

3. 配套设施兼顾不同人群的需要

如绿道坡度小于 3%，方便轮椅行驶。绿道沿线配置了各种必要的服务设施。

4. 实施多元化管理模式

各个级别的各条绿道由各级政府多部门协同管理，并鼓励社会公众参与。

8.4 美国风景道体系与评估标准

1. 风景道计划与风景道体系

1991 年，美国国会通过了《国家风景道计划暂行方案》；1995 年通过了《国家风景道计划》（National Scenic Byway Program），规定了风景道提名和评定标准，风景道建设项目基金使用和管理等。风景道体系由国家级风景道（泛美风景道和国家风景道）、州级风景道和地方级风景道组成。

2. 评估标准

国家风景道计划（NSBP 1995）对美国国家级的风景道规定评估标准，州级及地区级风景道的标准是在国家风景道评估标准的基础上，结合各州、各地区实际情况，做一些细化和适当修改。

国家风景道评估标准把价值要素作为评估指标，价值要素的定义为"一个区域被认可的、独特的、不可转移的、与众不同的个性特征，具体包括风景、自然、文化、历史、游憩和考古六大价值要素，景观价值是核心要素。全美风景道（All-American Road）是等级最高、质量最好的风景道，它必须满足六大价值要素中的两大要素，具有国家独有的特征。国家风景道则必须满足六大价值要素中的至少一个，与价值要素相关的特征必须是当地最独特和最具代表性的。自 1996 年至 2009 年，美国分 6 批评出共 97 条全美风景道，如蓝岭风景道、大河路、加州 1 号公路、阿拉斯加海上公路，及 170 条国家风景道，如亚利桑那州等的"故道 66"、佛罗里达州的"风景与历史海岸公路"和"俄亥俄河风景线"等。

8.5　美国代表性绿道简介

在美国众多绿道中，有丰富多彩的不同的自然与人文历史风景与资源，值得深入研究、欣赏、借鉴。受篇幅限制，这里仅简单举几例。

8.5.1　阿巴拉契亚国家风景小径（Appalachian National Scenic Trail）

1937 年建成的阿巴拉契亚国家风景小径，是美国最长的徒步旅行小径之一，全长 3505 公里，沿美国东部阿巴拉契亚山，从北部缅因州的卡塔丁山到南部佐治亚州的斯普林格山，穿越了 14 个州（缅因州、新罕布什尔州、佛蒙特州、马萨诸塞州、康涅狄克州、纽约州、新泽西州、宾夕法尼亚州、马里兰州、西弗吉尼亚州、弗吉尼亚州、田纳西州、北卡罗来纳州和佐治亚州），8 个国家森林及 6 个国家公园，包括风景秀丽的缅因州巴克斯特州立公园、怀特山脉、德拉瓦水峡国家游憩区、哈珀斯费里国家历史公园，弗吉尼亚州的罗杰兹山、大烟山脉、蓝岭风景道，佐治亚州的布鲁德和斯普林格山脉，新罕布什尔州、佛蒙特州艳丽的秋色与乡村农舍胜景等。

沿途可能有幸看到驼鹿、黑熊、丛林狼、红猫、美洲旱獭、豪猪和浣熊等野生动物。小径每隔 16—19 公

里设有简陋的休息棚。人们主要利用这条山路进行徒步旅行，每年有约 500 万人次的游客，其中有数百名全程徒步旅行者花 5—7 个月走完全程。

这条风景小径平时由阿巴拉契亚小径会议志愿者负责日常管理。

8.5.2　太平洋山脊步道（Pacific Crest Trail）

太平洋山脊步道沿内华达山脉和喀斯喀特山脉延伸，长约 4286 公里，1968 年立法与阿巴拉契亚小径并列为美国最早的国家风景步道。这条步道宽仅 30 厘米，连自行车也无法通行。沿途经过巨杉、国王谷、优胜美地、拉森火山、火山湖、雷尼尔山、北喀斯特 7 个国家公园，26 个国家林地，43 个国家自然保护区，上百个城镇。从沙漠到雪山，从海边到美国本土最高的惠特尼山峰，连接美国西部瑰丽奇秀的山林，被认为是美国景色最好的徒步旅行小径。

该步道 1937 年已部分开拓，但因涉及私有领地等问题，直到 1993 年才全线建成贯通。其规划与执行是太平洋山脊小径协会（PCTA），建设与维修主要由志愿者完成。这条步道的许多路段非常险峻，北段常积雪，南段多干旱，全年适宜徒步时间不长。著名的《涉足荒野》（Wild）写的就是这条步道，后于 2014 年改编成电影，女主角获金球奖和奥斯卡奖。

8.5.3　蓝岭公园道（Blue Ridge Parkway）

1940 年建成的蓝岭公园道是美国"最美丽、最受欢迎"的绿道之一。这条长达 755 公里的风景绿道，从弗吉尼亚州的希南道国家公园开始，直到北卡罗来纳州及田纳西州交界的大烟山国家公园和南塔哈拉国家森林。蓝岭公园道是环绕山区延伸的双向行车道，由于沿路有海拔 195—2039 米不同高度的变化，因而天气变化大，景色丰富多彩。沿途经过华盛顿国家森林、杰佛逊国家森林、皮斯加国家森林、切路基国家森林，经过仙能渡国家郊野公园、詹姆士河、水獭河、弗吉尼亚探索者公园、嘉力斯填音乐博物馆、摩西纪念公园、陶布曼艺术馆、

西弗吉尼亚州科学博物馆、古朴典雅的阿什维尔等山地城镇，这一带被誉为美国的小瑞士。还有美国东部落差最大的瑰珀翠瀑布（由5条瀑布组成，总落差1200米）等。每年6月中旬，陡峭的山坡铺满粉红、紫红的杜鹃、百合花、木兰、郁金香和山月桂；秋天，沿路的树木异彩缤纷、鲜艳夺目，先是山茱萸等的叶色变为深红色，接着是鹅掌楸等渐渐变成亮黄色，黄樟则呈现出生动的橙色，而槭树更是变得亮丽夺目，最后橡树叶变成了褐紫色。风一吹，落叶飞舞飘洒，满山遍野异彩缤纷；冬季雪后，就如北欧的童话世界。公园道可以驾车、骑马、骑自行车、爬山、露营等。蓝岭公园道由国家公园管理局管理。

8.5.4　加州1号公路（California 1 Road）

　　1937年建成的加州1号公路沿太平洋海岸延伸，其中从旧金山到洛杉矶一段长740公里，景色优美。沿途一边是碧波万顷的大海，有沙滩、灯塔，千鸟飞翔、海豹嬉耍、海狮吼叫，一边是群峦迭翠的高耸的洛基山脉，

大片草地和鲜艳的野花。从北向南沿路可看到宏伟的双子塔金门大桥、Bragg要塞历史博物馆、奇诺海岸植物园（Mendocino Coast Botanical Gardens）、加州首府蒙特雷一流的海洋水族馆、蜡像馆、充满西班牙风情的圣巴巴拉，和被誉为与巴黎、威尼斯并列的"世界上最具浪漫风情的前三个城市"之一的卡梅尔小镇，房屋五颜六色的丹麦村，亮丽豪华、藏有古董、艺术品的赫利斯堡，美艳的"17英里景观大道"，朱丽娅州立公园中喷涌入海的瀑布，一边是云雾缭绕的群山，一边是陡崖下的白沙滩的高80米的Bixby大桥，红杉及国王峡谷国家公园、国家林地和众多州立公园等。

　　沿途有机会看到灰鲸、大白鲨、大海獭、麋鹿、山猫等和200多种鸟。道路两侧有许多徒步小道可横向进入内陆游览。加州1号公路主要供旅行车和自行车通行，货运车只能走平行的101公路与5号公路。1号公路曾被评选为世界十条风景最美的公路之一。（见图302—图306）

303

304

8.5.5 大河路国家风景道（Great River National Scenic Byway）

大河路国家风景道沿着密西西比河，从北面的明尼苏达州一直伸展到南边的路易斯安那州的墨西哥湾，经10个州，沿途是穿过山谷和平原的密西西比河的各种壮观、优美的自然风景和一系列精采的历史人文景观。

沿途可以看到千里大河中穿行往来的航船、游艇、一望无际的糖槭、白雪松、三角叶杨、栎树、云杉的国家森林，广阔、平坦的草原、农田、牧场和水鸟群飞、鳄鱼出没的沼泽，被悬崖环抱的迷人的 Pepin 湖，拥有黑熊、金雕、白头鹰等292种珍稀动物，占地800平方公里的国家野生动物保护区，一个个典雅而充满艺术氛围的城镇，密西西比河博物馆、科学博物馆、酿酒博物馆和水族馆，陈列着144门大炮和联邦炮舰的国家历史公园，葡萄酒厂、熏制品厂、方铅矿和印第安人、德国人、法国人留下的建筑与遗迹，马克·吐温故居、猫王旧居，华丽的数百座古老的庄园，爵士乐故乡的新奥尔良和"小瑞士""莱茵河"，等等，让人目不暇接、情趣无穷。

8.5.6 阿拉斯加海洋公路（Alaska Marine Highway）

阿拉斯加海洋公路，全长5600公里，沿阿拉斯加南部太平洋海岸、海湾伸展，其中大部分是沿海的水路。

一路上经过阿拉斯加州南部5个国家公园，可看到令人惊叹的风景，包括冰清玉洁、气势磅礴的冰川，当几十米厚的冰川涌入大海时，与海水冲撞而崩裂，发出雷鸣般的巨响。还有密密层层、无边无际的云杉、白杨，拥抱着云雾缭绕、终年积雪的山峰，景色迷人。还有"三文鱼之都"克奇坎市（Ketchikan），每年夏季，无数的三文鱼拥挤着，顶着湍急冲下的溪水，登上一个又一个台阶，在产卵后不久死去，而新生的小鱼又游回大海，这生与死的壮观场面，令人震撼。

沿着这条海岸风景道，还可能看到鲸鱼（包括罕见的白鲸）、海狮、海豹、海豚、海獭、熊、大角鹿、高山绵羊、秃鹰等多种动物；还可看到19世纪原住民的高大图腾、一系列历史、文化建筑和展示原住民生活、文化的博物馆，1867年俄国沙皇以720万美元把阿拉斯加卖给美国的移交典礼之地锡特卡（Sitka），19世纪淘金热生产、生活的建筑遗址，阿拉斯加州海运中心，充满艺术画廊的小荷马镇，仅次于夏威夷岛的全美第二大岛、棕熊保护地科迪亚岛，世界上最忙碌的水上飞机港口，占地200万英亩的国家野生动物保护区，美国最大的渔港和海鲜处理中心阿留申群岛的乌纳拉卡，众多旅行者来此捕捉大比目鱼和鲑鱼。（见图307—图308）

307

308

8.5.7 66号公路（Historic Route 66）

1938年建成的66号公路，从五大湖之一密歇根湖南端的芝加哥起始，向西南方向，经伊利诺伊州、密苏里州、阿肯色州、德克萨斯州、新墨西哥州、亚利桑那州，直达加利福尼亚州太平洋边圣莫尼卡海滩，全长2900公里。它是美国第一条横贯东西的高速公路，被称为"母亲之路""美国自由精神之路"。驾车向西，可看到大片玉米地、印第安保留区、林肯陵墓、埃尔克城的66号公路博物馆、圣路易拱门、野生动物保护区、火山熔岩和色彩绚丽的山岩、蓝色的平顶山和5000年前留下的直径1000多米的流星坑、大峡谷国家公园、南圣达国家森林、亚利桑那州绵延260公里的"画布沙漠"、拉斯维加斯野生动物保护区和奥克拉荷马市国家牛仔名人堂、美国乡村音乐之都纳什维尔、迪士尼乐园等。2016年密苏里达交通部门计划在66号公路试铺太阳能地砖，内嵌LED灯的太阳能板和感压设施，若路上突然有动物或落石，可通过路面灯光通知驾车者减速，下雪时还可加热。

8.5.8 其他

除以上一些较著名的绿道外，其他许多绿道也都各有特色。

1. 犹他州12号高速公路（Utah Highway 12）

犹他州12号高速公路东始国会大厦礁石国家公园，西至锡安公园，途经布赖斯国家公园、迪克西国家森林（Dixie National Forest），全长323公里，是美国风景最美变化最多的公路之一，被称为"时光之旅风景道"。沿途是亿万年地质变迁形成的红色悬崖峡谷、色彩斑斓的岩层、形状奇特的石林、众多间歇热水喷泉、化石平原、神秘的花园小径、印第安人岩画、摩门教徒的老屋等，曾评上全美风景最美的十条公路之一。

2. 佛州跨海高速公路（Florida Overseas Highway）

这条佛罗里达州南端的跨海公路，以一连串跨海长桥将众多海岛连接，长205公里，最适宜前往的时间是每年10月至次年3月。从佛罗里达市开始，沿着原先的海岸铁路路基和长桥驾车向西，除了大海、沙滩、棕榈、沼泽、水上森林；沿途经过红树林拥抱中的长礁州立公园，有银色棕榈、树蛙、塘鹅、猎鹰；有著名的七英里桥；有"美国最好的海滩"巴伊亚可达州立公园（Bahia Honda State Park）；有坐玻璃船可观赏大量色彩鲜艳的热带鱼、海星、海绵、珊瑚礁的基拉戈州立公园（Key Largo State Park）；有Honda州立公园的白沙滩；有凤梨、香蕉种植园和牧草地；有水下考古保护区的"历史名城"伊斯拉莫拉达（Islamorada）。沿途还可能看到朱鹭、白头翁、白苍鹭、粉红琵琶鹭、红尾鹰、鳄鱼和海豚、海豹、海狮、鲨鱼，以及长着无花果、野生兰花的原始森林。在公路西端的基维斯特市（Key West），有众多历史建筑和绚丽多彩的小巷，有博物馆和海明威的故居。

3. 163号公路（Monument Valley中的一段）

位于犹他州的163号公路是美国著名的风景道之一。那纪念碑山谷纳瓦霍人部落公园内笔直挺立的几座红色孤山，如巨大纪念碑，形态雄奇，屹立在漫长的荒原前方，让你震惊，让你凝思这大自然的壮观和神秘。1938年约翰·福特把它作为里程碑拍成电影，呈现给广大观众古代西部崎岖的旷野场景。那帽形的山峰、马蹄形河谷和大片红色、蓝色的野花，那悬崖洞穴中印第安人群居的遗迹，那红色砂岩被风雕刻成的"上帝山谷"、沙漠河谷等，都让人仿佛置身于好莱坞西部片中。而邻近的大峡谷国家公园和锡安国家公园更增添了163号公路风景道的魅力。

4. 大湖区航道小道（Great Lakes Seaway Trail）

位于纽约州西部的这条湖滨风景道，沿着美国与加拿大接壤的五大湖中的两个湖：安大略湖和伊利湖的东岸，由东北向西延伸，长829公里。在这两大湖交接处，可观赏壮丽的尼亚加拉大瀑布。沿伊利湖边，可看到众多圆柱形、长方形、多边形的灯塔。沿安大略湖边，可看到通往加拿大的恢宏的大桥。还有独立战争遗迹、海洋博物馆、艺术博物馆等。

5. 纽约布鲁克林区—皇后区绿道（Brooklyn-Queens Greenway）

这条绿道从紧贴大西洋的科尼岛向北至长岛海峡的托顿堡，长64公里，是一条步道和自行车道，连接了13个公园、2个植物园、3个湖、1个水库，以及纽约水族馆、纽约科学会堂、布鲁克林博物馆、皇后博物馆、1939 年与 1964 年世博会会址、国家网球中心等。

6. 迪克汉遗产游径（Dickthan Heritage Trails）

20 世纪 60 年代开始，随着公路和民航的发达，美国众多铁路废弃。80 年代末，一些废弃铁路开始被改为绿道。迪克汉遗产游径就是建在从芝加哥到圣保罗的报废铁路线上，经过 5 年的建设，于 1986 年完成。这条供远足和自行车游览的游径，从迪克汉到西面的戴尔斯维尔，沿途可看到石灰岩悬崖和深谷、化石岩床、铁矿山、铅矿地、草原野玫瑰、湿地、有斑点鱼、鮰鱼、鲈鱼的大鱼塘、古马车道遗址、印第安公墓、19 世纪的磨坊、1868 年的钢桥、科学家麦克吉的出生地等。

7. 俄亥俄河风景道（Ohio River Scenic Byway）

风景道沿着俄亥俄河北岸，从俄亥俄州东部与西弗吉尼亚州分界线向西南，延伸至密西西比州与肯塔基州交界处的密西西比河畔，长 1000 多公里。这里有输出占全美 1/2 的陶瓷生产基地，有《汤姆叔叔的小屋》（Unde Tom's Cabin）一书的纪念处，有废除歧视妇女的立法纪念处和解放农奴战争遗址等。

8. 德州山地绿道（Texas Hill Country Greenway）

这是德克萨斯州中部丘陵地的一条绿道，长 392 公里，沿途有约翰逊总统故居、西方艺术博物馆；有德州特有的长角牛牧场和牛仔；有一系列不同的生态风景，如优美的 Guadalupe 河国家公园。每年 4 月沿途能看到大片艳丽的德州矢车菊，还有罕见的食蚁兽等。一到秋天，枫树州立公园自然保护区成千上万的大齿叶枫树叶色变黄变红，景观壮丽。

9. 夏威夷哈纳公路（Hawaii Hana Road）

这条公路沿毛伊岛北部海岸延伸，长 83 公里，沿路有 600 个弯道，可观赏无边的大海、罕见的黑沙沙滩、奔腾的瀑布和热带森林，也曾被评为全美最美的十条风景道之一。

还有许许多多具有独特自然和人文历史景观的绿道，受篇幅限制，这里不再介绍。

8.6　美国风景绿道的管理

美国风景道的管理部门有国家公园管理部门、交通部门、国土资源部门、农业森林部门等。由联邦制定标准、部门隶属及法规；各州根据本州情况细化法规；市县针对当地实际状况，参与风景道的建设与管理、安全巡查。美国的各级风景绿道，不仅有系统的发展规划，持续的开拓建设，而且有完善的立法依据和严格的维护管理。如阿巴拉契亚国家风景小径，由徒步旅行俱乐部的志愿者们于 20 世纪 20 年代至 30 年代设计开拓，得到阿巴拉契亚绿道联盟的大力支持，1925 年该联盟更名成立阿巴拉契亚绿道管理局（ATC），与国家公园服务机构、森林资源服务机构、联邦和州政府、地方组织、绿道保护俱乐部协同配合，一起从事绿道的维护、管理和发展工作。1968 年 10 月生效的《国家绿道系统法》等，依法指定美国内政部长、农业部长、州政府、地方政府和广大公众一起保护管理阿巴拉契亚国家风景绿道。在保护阿巴拉契亚山脉原有生态、自然景观的前提下，提供公众沿途旅行游览。

绿道的建设、维护经费源于各级政府拨款及民众的保护组织等的捐款，并建立绿道基金、发行绿道债券和福利彩票等。

千里风光，步移景迁，气壮山河，众多的风景绿道，为美国风景园林的发展开拓了具有深远意义的新路。

第 9 章　丰富多彩的雕塑小品

9.1　雕塑

作为风景园林组成部分的雕塑，不仅能为景观增光添彩，有时还能起到"画龙点睛"的重要作用。一个成功的雕塑，可以成为风景园林的主要景点、亮点。

美国园林雕塑的风格，主要受西欧的影响。早期的作品，多以写实为主，表现领袖、英雄、知名人士，主题多探索、开拓、奋斗、自由、向往等精神。其中，有著名的蒙大拿州"总统山"的 4 个总统巨大头像、自由女神像、攻克硫磺岛纪念碑、胜利之吻、化剑为犁等。(见图 309—图 311)

309

后来，雕塑的形式与内容不断创新和丰富，发展了寓意雕塑、抽象雕塑、活动雕塑、实用雕塑、与喷水池等结合的雕塑等。

值得一提的是，不少雕塑生动地表现了老百姓的劳动与生活，表达人的喜怒哀乐情感、心灵的追求（图

312）。一些雕塑与周围环境融合一体，栩栩如生，如花园锄草（见图 313），将锄草的"人"的雕像与盛开的鲜花巧妙地结合；如餐饮服务员、浓荫下睡觉的人等。（见图 314—图 322）

313

314

315

316

为了与城市建筑和开阔的园林空间尺度相配，有的雕塑体量巨大，如费城闹市中数十米高的"衣夹"，芝加哥千禧公园中集聚城市风景的巨大不锈钢镜面"豆子"（芝加哥地标，2018 年被评为美国十大地标之一），明尼苏达州通用汽车总部的镂空雕塑"提着包的人"，拉斯维加斯 2016 年新建的 ATER 公园（被评为 2016 年世界十佳园林设计之一）中巨大的"女神"雕塑。（见图 323—园 326）

有的雕塑形象生动逼真，含有深刻寓意，如位于德克萨斯州欧文市威廉姆斯广场的"野马"，群马奔腾，水花飞溅。当地建城前是野马聚居处，此作品意在纪念"老居民们"，由罗伯特·格伦（Robert Glen）创作。该项目获美国 ASLA 奖。位于费城的"自由"，则表现了人们为挣脱思想束缚奔向自由的过程，由齐诺·弗鲁达基斯（Zenos Frudakis）创作。

如华盛顿露天雕塑博物馆的雕塑也颇有创意（见图 327—图 332）。图 331 是纽约高线公园的一个饮水器；与图 332 类似的水景雕塑有好几处。

323

324

325

326

众多精致的广场雕塑，街头雕塑、园林雕塑，栩栩如生的人物雕塑、动物雕塑、物体雕塑，还有那构思新颖、形式大胆、夸张，富有寓意的抽象雕塑，为风景园林增添了生动的精神内涵和生活情趣。

9.2 园林建筑、小品及其他设施

在美国的风景园林中，建筑的数量和体积受到严格控制，要求形式简朴、用材自然，以减少人为痕迹，保持风景园林的自然美。

其中必不可少的服务性房舍，包括咨询服务中心、售品部、洗手间等，多用木、石等天然材料建造，有的甚至用原木搭成。其余园林建筑，包括亭、廊、碑、塔、桥、景墙、园门、棚架、花架、栏杆、铺地等也力求既亮丽、优美，又简洁、质朴而实用（见图 333—图 356）。当然也有少量气势恢宏而美观的大型建筑，如一些植物园的玻璃观赏温室。花架的造型设计有的很美，如加州洛杉矶市盖蒂中心花园的一组 3 座花架（见图 339）。也有体量巨大的建筑，如芝加哥千禧公园里一座变幻着无数芝加哥市民笑脸的巨大立方体（见图 155），圣路易市 90 米高的拱门。在洛杉矶市的珀欣广场，有一条象征洛杉矶当年大地震的地裂图案铺地（图 346）。在道路与园林铺地中有的刻印指示性、纪念性文字、图案，既起到导游作用，又形成了一条地面风景线（见图 348—图 349 的星光大道，地上刻印着众多明星的姓名、签字、手印）。在宾夕法尼亚州长木公园等园林中，有木屑铺就的林间小径，不仅行走舒适，且自然环保。

333

334

335

339

340

341

344

345

346

350

351

352

353

354

355

356

漫步在美国的城市街头和公园，一些立意新、设计巧妙的小品，也为风景园林增光添彩（见图 357—图 365）。

美国的园林中标识牌用得很多，以方便游客。它们有一个共同的特点，即多半图文结合、简朴、实用、醒目。

街头、庭园的座椅、桌凳，也多简洁、美观而实用，有的甚至仅用一根原木。另外，庭园灯、时钟、花钵等多半设计精美，饮水器、垃圾箱等简洁、实用，有的还在垃圾箱上印上交通图，一物两用，颇有新意。

357

358

359

360

361

364

365

9.3 喷泉、跌水

美国的风景园林设计业非常注意水景的调温、增湿、丰富景观等作用，故除了天然水景外，增添了很多人工喷泉、瀑布、跌水等。喷泉以不同造型、材质、图案和不同喷水形式呈现，如宾夕法尼亚州长木公园的大型音乐组合喷泉（图366），由万盏灯照明的芝加哥格兰特公园白金汉喷泉，拉斯维加斯由1000多个喷嘴、4000盏灯照明，水波变幻舞动，最高喷80米的贝拉吉喷泉。

1983年彼得·沃克在德克萨斯州福特·沃斯市百纳特公园里设计的烛形光纤组合喷泉，与水池的地灯交相辉映。

约翰逊在德克萨斯州福特·沃斯市设计的下沉式水园奔腾池颇为壮观。

有的人工喷泉、瀑布与雕塑、景墙、植物、灯光配置巧妙、协调，形成各有特色、缤纷多彩的水景。如宾夕法尼亚州的长木公园中，有一个人工泉水源，做成一个大的蓝眼珠形状，富有意境和情趣（见图367—图379）。

366

367

368

369

370

371

372

374

375

376

377

378

379

第 10 章　富有创意的现代园林

西方传统园林是为贵族和富豪阶层服务的封建社会权势的象征。19 世纪末至 20 世纪初，随着社会经济的迅速发展和政治的剧烈变革，欧洲和北美的社会意识形态出现了众多新的思潮，城市的大规模扩展，促进了城市公园的产生和蓬勃发展，从而揭开了现代园林的发展序幕。

美国风景园林的设计，主要是汲取了西欧园林的设计理念和形式而逐步形成的。而美国的现代园林，则是世界现代园林的领头羊，与传统园林相比，有着自己独有的特征。

10.1　美国现代园林的主要特征

1. 以满足功能需求为前提

美国现代园林以满足广大公众休憩、欣赏、健身、交流、娱乐等回归自然的综合功能需要为目标，在规划设计过程中，尽可能听取不同使用者的意见。其园林的空间布局结构、设计形式风格、设施配置和材料选择等，皆以功能需求为前提。

2. 以场所自然与文脉特征为基础

美国现代园林的许多精品佳作设计，均认真、仔细地分析待建园林原有基地场所的自然特征和文脉精神，建成的园林绿地力求与周围环境协调，呈现当地的自然风貌和历史文化精神。

3. 源于自然又高于自然

美国现代园林的设计师们，在深刻理解大自然的形态、内涵、规律和发展过程的基础上，以丰富多彩的艺术形式、新颖的技术手段，再现自然景观和自然精神，使现代园林源于自然又高于自然。

4. 设计手法新颖

美国现代园林的设计手法，摆脱了传统园林的固定模式，自由地运用不同的形状、色彩、光影、声音、质感等元素，呈现出异彩缤纷的园林新面貌。

5. 设计风格简洁、明快

美国现代园林的设计，不论类型差异、规模大小，风格简洁、明快、活泼、亮丽，而不像传统园林那么过于装饰、堆砌和繁琐。

6. 空间布局灵活、自由

典型的传统园林，规则对称，似有"千佛一面"之感。而现代园林，则十分灵活、自由，从而使美国园林空间的形式、内涵和功能都相当丰富。

7. 采用新材料、新技术

随着科学技术的发展，大量新材料、新技术在风景园林中得到应用，如玻璃、塑料、新金属材料、人工塑石、薄壳结构、光纤照明、计算机数控技术等，创造出丰富多彩的、具有时代特征的现代景观园林。

8. 注重生态效益

为改变大工业生产造成的污染和对自然资源的破坏，美国现代园林设计注重自然景观的保护，通过对基地场所环境的科学分析，采取针对性的措施，努力使新建的园林绿地生态效应良好，可持续发展。

9. 注重艺术效果

美国现代园林设计师汲取当代多种艺术流派的灵感，将自然与人工材料作为艺术的表现手段，以大胆的构图和色彩等设计手法，使园林绿地成为富有艺术品位的杰作。

10. 追求意境

美国现代园林的设计师，为体现自然意境、场所历史文化内涵及时代精神，在设计中努力通过景观形式来表达园林设计的主题与内容，让人品赏、遐想。

11. 体现景观的公共性

早期的传统园林多半是私家花园、私人庄园、皇宫御园，而美国现代园林是为广大民众服务的、追求自由、平等、博爱的开放性园林绿地。

12. 建造城乡一体化绿地系统

美国现代园林努力规划、建设城乡一体化的绿地系统，逐步形成绿道与城乡各级、各类风景园林紧密连接、分布较均匀的网络系统。

10.2　美国现代园林的萌芽

19 世纪末 20 世纪初，受西方新艺术运动及其引发的现代主义浪潮影响，美国风景园林开始摆脱传统园林的束缚，迈开了新的步伐。其中，弗莱彻·斯蒂里（Fletcher Steele，1885—1971 年）把欧洲，尤其是法国现代园林新进展介绍到美国，他设计的 700 个花园中，不断有超越传统园林的新探索。美国现代园林之父弗雷德里克·劳·奥姆斯特德开创的城市公园运动，拉开了美国现代园林发展的序幕。奥姆斯特德设计了众多各类现代园林，其代表作有纽约中央公园、布鲁克林展望公园、国会广场、波士顿"翡翠项链"等。

奥姆斯特德的儿子小弗雷德里克·劳·奥姆斯特德（Frederick Law Olmsted Jr.，1870—1957 年）和继子约翰·查尔斯·奥姆斯特德（John Charles Olmsted，1852—1920 年）继承父业，为美国现代园林作出了重要贡献。

小奥姆斯特德参与设计了首都华盛顿许多标志性作品，如白宫庭园、杰弗逊纪念堂等。还为国家公园、州立公园、城市的规划设计做了大量工作。他在哈佛大学设立了全美第一个风景园林专业。1917 年他协助成立了美国城市规划学会，被选为第一任主席，并出任美国住房公园城镇规划部主管。

约翰·查尔斯为波士顿、芝加哥、底特律、亚特兰大、罗切斯特等许多城市进行了城市规划，还为众多公园、公园道、居住社区、大学校园进行了规划设计。他建议："规划要着眼于未来，既要保护风景又要满足功能要求。"他是美国风景园林师协会创始人之一，被推选为首任主席。

1910 年，亨利·文森特·哈伯德（Henry Vicent Hubbard，1875—1947 年）等创办了美国风景园林协会会刊《景观设计》。1917 年哈伯德和哈佛规划学院图书馆馆长西奥多拉·金博尔出版了《景观设计研究导论》一书，强调"将自然的特征和本土植物引入到住宅设计、分区规划和公园设计中"。该书"公认为 20 世纪 20—30 年代适宜于公园设计者的一部最具影响力的书"。1931—1934 年哈伯德出任美国风景园林师协会主席。

与此同时，《美国花园》《美国乡村生活》《住宅与花园》等杂志的出版也为美国风景园林事业的发展发挥了积极作用。

哈佛大学等众多著名大学开设风景园林设计专业，也为一批又一批杰出的风景园林规划设计师的涌现打下了基础。其中，怀特·斯坦利·哈特（White Stanley Hart，1891—1979 年）是最杰出的风景园林教育家之一。他的学生中有伊代奥、佐佐木英夫（Sasaki Hideo，1919—2000 年）、彼得·沃克、查尔斯·哈里斯（Charles Harris）等众多优秀的景观设计师。

20 世纪 30—40 年代，第二次世界大战使世界艺术和建筑中心从法国转移到了美国。1937 年，格罗皮乌斯担任哈佛大学设计研究生院院长，带头改变传统的学院派教学。一些学生开始探索现代艺术和现代建筑理论在风景园林中表现的可能性，其中最突出的是埃克博（Eckbo Garrett，1910—2000 年）、克雷（Kiley，1912—2003 年）、詹姆斯·罗斯（James Rose，1913—

1991 年）发表了《园林中的自由》《为什么不尝试科学》等一系列园林设计新理念的文章，并在他们的设计作品中大胆探索、试验，从而掀起现代园林景观设计浪潮，被后人誉为"哈佛革命"。

埃克博共设计了上千个项目，每个设计都根据特定的基地环境条件因地制宜。他认为景观设计师应与生态学家、社会学家合作。设计不能仅仅为人类本身，而是应为土地、植物、动物和人类解决各种问题。在他的设计中，大量应用具有独特色彩的、亮丽的铝制品等现代材料，并将矩形、斜线、曲线、尖角等自然结合，代表作有加州奥克兰科尔花园（1941 年）、洛杉矶联合银行广场（1968 年）等。他认为："20 世纪后半期景观设计的任务是将自然同人类融合在一起。"

克雷在 20 世纪 50—60 年代设计的代表作有印第安纳州哥伦布米勒花园、达拉斯喷泉广场、费城独立大道第三街区、华盛顿国家美术馆、肯尼迪图书馆等。在米勒花园中，克雷将方格网、几何构图等古典设计构架与开放、简洁、动态、无止境等现代设计手法良好地结合。他的设计从基地功能出发，先确定空间类型，再用整齐的树列、绿篱、方形水池、树池和平台等塑造连续的空间；材料简洁，无装饰性细节；把景观与建筑融合一体。空间的变化主要体现在材料的质感、色形，植物的季相变化和水的灵活运用上。20 世纪 80 年代，克雷强化了景观空间和时间不同层次的叠加，创造了更丰富的景观效果，体现出现代艺术极简主义（Minimalism）的设计风格。这一时期克雷具有代表性的作品有以网格组合涌泉、层层跌水、池中水松树坛等为特征的达拉斯喷泉广场，以中心对称的布局和周围自然式布局组成的密苏里州堪萨斯城尼尔森·阿特金斯美术馆雕塑公园等。克雷一生共获得过 60 多个奖项，包括 1992 年获哈佛大学杰出终生成就奖，1997 年获国家艺术勋章，是美国第一个获得该荣誉的园林设计师。

罗斯则出版过《创造性的花园》（1958 年）、《詹姆士·罗斯设计的现代美国花园》（1967 年）等多部现代园林著作。1946 年创造了一系列适合现代城市郊区的"国际式"住宅庭院模式。他根据自然环境、社会环境的变化和使用者的不同需求，进行灵活的设计和调整。

他善于充分利用基地原有的材料，如露出地面的岩石、原有的树木等，又常使用非传统的材料，甚至废弃物作造园元素。受日本禅园影响，他将花园作为沉思静修之处。他又把花园比作巨大的、空间开放流动的雕塑，让人能与自然进行交流。他设计的花园，都呈现出所在基地的特征与精神。

当哈佛大学三位学子于理论上对现代景观设计进行探索时，美国另一位风景园林设计师托马斯·丘奇（Thomas Church，1902—1978 年）已开始新风格的景观设计。

丘奇等在 20 世纪 40—50 年代的景观设计，形成一种新型花园——"加州花园"（California Garden），成为当时现代园林的代表。这种形式简洁、种植布局不规则的花园，设计中综合考虑了当地的气候、地理、景观和生活方式，呈现了本土化的、时代的、人性化的设计理念，被认为是美国自 19 世纪后半叶奥姆斯特德的环境规划以来，对景观规划设计最杰出的贡献之一。丘奇在 40 年的实践中，设计了近 2000 个园林，其中公认的代表作有旧金山索诺马县的唐纳花园（1948 年）、旧金山瓦伦西亚公共住宅（1943 年）、旧金山莫塞德公园（1950 年）、加州斯坦福医学中心（1959 年，被誉为"医学泰姬马哈陵"）及斯坦福大学校园等。丘奇被誉为美国现代花园的创始者，1951 年荣获美国建筑师学会（AIA）艺术奖章，1976 年获 ASLA 金奖。

与此同时，美国中西部草原住宅景观设计风格的代表人物弗兰克·劳埃德·赖特（Frank Lloyd Wright，1867—1959 年），也对美国现代园林的发展作出了重要贡献。他在 1932 年的《消失中的城市》一书中提出："分散城市人口，让城市被遍布全美国的更大规模的城郊空间所吸收。"认为应尽可能"在不牺牲现代工业技术带来的好处前提下，每天都接触到自然环境"。

后在 1954 年出版的《自然住宅》中他提出："我们不再把建筑内部和外部空间当作两个独立的部分，它们之间可以互相转化。"他认为建筑应巧妙地融入环境中，而不要改变自然景观，因为环境无法再改进。他把自然和场地作为创作的源泉，从而创造了草原有机住宅景观设计模式，如他设计的威斯康星州和亚利桑那州的两个塔里埃森庄园。他在中西部设计的众多住宅花园成为美国现代园林的组成部分。

1934 年，他在匹兹堡东南 80 公里处月桂高地，设计了丛林拥抱之中、溪水瀑布水上的流水别墅，将住宅与自然融为一体。1963 年房主将其捐出，成为向公众开放的博物馆。1937 年，流水别墅被《时代》杂志称为赖特最美的杰作；1991 年美国建筑学会将其称为美国建筑史上最伟大之作；1996 年，流水别墅被定为国家历史地标。赖特的设计，获得了许多奖，包括 ASLA 颁给他的"杰出景观建筑国家性地标"百年奖章。他也是美国唯一登上邮票的建筑与景观设计师。

另外，克里斯托夫·唐纳德（Christopher Tunnard，1910—1979 年）于 1938 年发表的《现代景观园林》（Garden in the Modern Landscape）中提出的"功能、情感和艺术"设计理念和书中推荐的许多作品，也为冲破传统园林的束缚，开拓风景园林新路发挥了指导作用。

唐纳德在《为现代建筑所做的现代景观：当代思潮在景观设计中的反映》说："对现代主义景观规划有兴趣的设计师，不要到流行的景观作品中去寻找设计灵感。园林并不是一个有关美术的学科，而是一个有关人类的学科。我们要走出去研究自然的生态组织，研究树林风景的细节，研究植物种群中的平衡状态，研究鱼类孵化场的规划布局，研究河水是如何从大坝中流出落下，研究建筑的新形式和结构……设计和美学既定原则对研究设计的学者们来说是远远不够的，学者们只能从真实的环境和生活中获得给养。而真实性就存在于今天和明天之间，就存在于科学和艺术的现代主义运动之中。"

10.3　美国现代园林的深入探索

20 世纪五六十年代，随着美国经济进入繁荣发展时期，景观业迅速发展。城市郊区的大量发展，使郊区公园和住宅区成为景观设计的重要领域。州际高速公路的建成，使众多工业设施与仓库搬离城市滨水地带，为滨水公共景观空间的建设辟出了天地。同时，城市的更新需求，促使更多广场、住宅区、商业街的绿化空间得以

开拓。另外，60 年代的环境保护运动，使风景园林师开始注重景观空间的生态保护，随着景观事业的空前兴旺，涌现了一大批优秀的景观规划设计师和崭新的现代园林杰作。

1. 劳伦斯·哈普林（Lawrence Halprin，1916—2009 年）

哈普林是美国第二代现代景观规划设计师中的代表人物。他早期设计了一些典型的"加州花园"，采用构造主义、立体主义、超现实主义手法，功效明确的分区，简略精细的栽植。直线、折线、矩形水池、地面、墙面与树木的对照，比丘奇的设计更富生气。

20 世纪 60 年代哈普林设计的曼哈顿广场公园、旧金山莱维广场、波特兰市的 3 个广场等，用现代材料和科技手段创造象征附近天然悬崖、台地、山间溪流、瀑布的景观。

哈普林在现代商业街的景观设计中，建步行林荫道，改直线为曲线，增加人性化的休憩设施和植物配置，使商业步行街成为舒适的休闲环境，成为美国商业街设计的先驱和典范。

哈普林在旧金山等城市的古老建筑保护、景观改造利用及新城镇规划方面也颇有创新。

在住宅社区景观规划设计方面，哈普林兼顾生态、景观和综合使用功能，取得了卓越成绩。

1997 年，由哈普林设计的华盛顿罗斯福总统纪念园建成，成为现代园林的一组精品佳作。

另外，西雅图高速公路公园这个空中花园，也是哈普林的杰作。

值得指出的是，哈普林不仅主张设计师应与科学家广泛合作，还努力促使广大市民参与他的景观设计。

2. 佐佐木英夫

日裔美国人佐佐木英夫也是第二次世界大战后美国现代园林设计师的杰出代表。1958—1968 年，佐佐木英夫任哈佛大学设计研究生院主任。1957 年他与学生彼得·沃克成立了著名的美国景观公司（SWA），为美国和许多国家的城市、社区、公园、大学等风景园林作出了一系列成功的规划设计。他认为设计中没有固定的风格，而是对现状的保护、改良、丰富和超越、创新，坚持创造大众化的高品质的作品。

3. 约翰·奥姆斯比·西蒙兹(John Ormsbee Simonds, 1913—)

西蒙兹于 1963—1965 年任 ASLA 主席,1973 年获最高荣誉奖——ASLA 奖章,1999 年被 ASLA 授予"世纪主席奖"。他认为:"景观设计是一门保持和创造人与其周围的自然世界和谐关系的艺术和科学。景观规划设计应尽可能按照自然规律,科学合理地利用气候、土地、地形、水、植物、景观特征、场地特征,结合每个项目的特定功能要求,经过人工提炼、艺术加工,创造与自然和谐相处的空间环境。"

他的代表作有 1953 年设计的,被誉为现代风景园林改善城市环境的代表的匹兹堡市梅隆广场。1964 年设计的芝加哥植物园,是废弃地改造的成功作品。1960 年与可林斯等合作完成的迈阿密湖新镇设计,是他后来提出的花园——公园城市的原型。

他的设计注重生态保护,强调利用基地原有的自然条件来营造美丽的景观,把生态的科学性、景观的艺术性和综合功能性融合于现代园林之中。

10.4 美国现代园林的多元化发展趋势

20 世纪五六十年代是美国现代主义的鼎盛时期,进入 70 年代,随着对环境保护和历史文化保护的日益重视,随着各种文化、艺术、科学思想的蜂拥呈现,现代园林的规划设计呈现出多元化发展趋势。

1. 保护和改善生态的景观设计

19 世纪奥姆斯特德的生态思想在城市风景园林中已有所表现。20 世纪 60 年代,许多景观规划设计师对保护和优化美国自然景观作出了贡献。70 年代,"宾夕法尼亚学派"为景观设计提供了科学量化的生态学方法。1969 年,美国通过了《国家环境政策法案》,规定了大尺度工程须提交环境影响报告。同年,伊恩·麦克哈格(Ian McHarg,1920—2001 年)将生态学原理,运用到人居环境景观设计中,出版了《设计结合自然》一书,成为西方推崇的景观规划学科的里程碑著作。麦克哈格主持的 WMRT 公司,用计算机辅助叠图分析法等,

总结了一套收集和处理环境数据来指导景观规划设计的方法。在华盛顿、洛杉矶、新奥尔良等许多城市景观规划处理中,充分表达了生态保护与改良的思想。1954—1986 年他担任宾夕法尼亚大学景观规划设计和区域规划系主任。

被称为"自然之子"的里查德·哈克(Richard Haag,1923—)对后工业社会出现的环境遗留问题,认为不应简单地摒弃,而应经改造融入自然之中。由他主持设计的废弃的西雅图煤气厂改造的公园工程,既保留了部分工业设施作为历史的象征,又对污染的土壤等进行了改良与美化,使新建的公园成为生态、景观、文化、功能兼备的著名作品,获 1981 年 ASLA 奖,成为后工业景观的典范。哈克在世界各地有 500 多个作品,将东西方园林艺术、传统园林与现代园林很好地结合,曾两度获 ASLA 最高奖。

保护和改善生态的景观设计包括保护自然景观,使原有生态系统发挥功能,减轻生态退化或重建退化的生态系统及减少不可回收资源的消耗,使优美的景观建立在良好的自然环境基础上。

2. 极简主义的景观设计

20 世纪 60 年代,美国出现了极简主义艺术(Minimal Art),以极为单一的形式有序地连续重复构成作品,具有简炼、明晰、节奏、韵律和统一的特点。许多极简主义艺术使用新的材料,具有现代工业文明色彩。

彼得·沃克作为 SWA 的主要负责人、哈佛大学设计研究院风景园林系主任(1979—1981 年)、城市设计系主任,成功地主持规划设计了一系列呈现极简主义艺术风格的景观园林作品。如 1984 年沃克设计了哈佛大学泰纳喷泉,用 159 块砾石排成直径 18 米的多层同心圆石阵,其中不断飘出雾气,在阳光下折射出道道彩虹,形成神秘的氛围。该项设计获 2008 年美国 ASLA 地标奖。

1990 年设计的德克萨斯州伯内特公园,规则图案的园路、草坪和自然的树林形成鲜明的对比,但又和谐令人舒畅。

1991 年建成的加州橘郡市镇中心广场,沃克以不锈钢材料在草地、铺地和水面上形成多个同心圆,倒映

出天空与周边景色，并与整齐排列的不锈钢立柱等形成呼应。

1997 年沃克出版了《极简的园林》作品集。他的作品注重人与环境的交流，人类与地球、宇宙的联系，从简约的景观形式中领悟丰富、深邃的自然内涵，促进了大地艺术和环境艺术的发展。

3. 表现现代艺术的景观设计

在美国的现代园林中，艺术得到突出且卓越表现的景观设计代表人物是玛莎·施瓦茨（Martha Schwartz，1950—）。施瓦茨学了十年艺术，后转向景观设计，于 1974 年加入 SWA，成为彼得·沃克的学生和夫人。她的景观设计受"大地艺术""极简主义""波普艺术"（建立在大众化基础上的通俗艺术）等的影响，构图大胆、色彩绚丽，具有独特的艺术形式和内涵。她的作品注重历史文脉和地方特色，代表作有亚特兰大的里约购物中心庭院、迈阿密国际机场的隔音墙、纽约亚克博·亚维茨广场，及明尼阿波利斯市联邦法院广场等。在纽约亚维茨广场项目设计中，她用多个弯曲的绿色木长椅代替绿篱，围绕6个园林状草丘(草丘顶有雾状喷泉)"舞动"，呈现出新奇、亮丽、明快的景观效果和良好的休憩功能，成为举世闻名的景观艺术杰作。玛莎·施瓦茨多次荣获设计大奖，分别于 2000 年、2008 年获 ASLA 奖。

4. 艺术与科学结合的景观设计

在美国现代园林中，将艺术与科学结合得较好的代表人物有乔治·哈格里夫斯（George Hargreaves，1952—）。他的设计将自然的改变和发展进程融入景观园林中，用艺术形式表现或隐喻基地的环境与历史文脉特征，又将被工业生产、城市建设发展破坏了环境的基地，用科学技术和艺术手法，重新建成具有良好生境的公园等风景园林。如 1988 年建成的加州圣·何塞市中心广场公园，1991 年建成的加州帕罗·奥托市的拜斯比公园，以及何塞市、路易斯雅克市等滨水公园对退化滨水景观的改造等。他的作品呈现了现代园林、后现代园林、极简主义、大地艺术的创作手法。

他曾是 SWA 的负责人之一，1996 年开始任哈佛大学景观设计系主任。20 多年来屡获 ASLA 奖，他的设计思想正影响着众多年轻一代的美国景观设计师。

5. 将现代雕塑融入园林的景观设计

现代雕塑已经走出画廊，进入景观空间，常以抽象的手法，扩大的尺度造景，对风景园林设计产生了很多影响。其中，野口勇（Noguchi Isamu，1904—1988 年）是代表人物，他说："我喜欢想象，把园林当作空间的雕塑。"他把雕塑和园林空间互为元素和工具，巧妙地融合一体，呈现出现代园林的一种新景观。他有许多典型的作品，如 1964 年设计的曼哈顿银行下沉庭园，以雕塑般的天然块石等形成日本式枯山水庭院。1972—1979 年设计的底特律哈特广场，以大型不锈钢标志塔和环形喷泉，隐喻飞机火箭等美国当代工业城市性格；1983 年设计的"加州剧本"庭院中的雕塑，象征着自然和人的奋斗精神。

1984 年野口勇获得纽约州政府艺术奖章，1987 年被美国总统授予国家艺术勋章。

6. 后现代主义的景观设计

20 世纪 70 年代后，美国出现了后现代主义建筑与景观设计，代表人物有查尔斯·詹克斯（Charles Jencks，1939—）和罗伯特·文丘里（Robert Venturi，1925—）。查尔斯·詹克斯的《后现代主义建筑语言》等书，表述了后现代主义的特征：复古、隐喻、玄想、异常的手法等。他推崇创新、多元、乐观、关爱人类。他设计的苏格兰宇宙思考花园（1990 年，私家花园），充分利用地形，经加工表现出超现代风貌，被誉为世界上最惊艳的十个花园之一。文丘里主张：让建筑与空间完全满足使用要求，而在外部采用独特的装饰。查尔斯·摩尔（Charles Moore，1925—1993 年）于 1980 年设计的新奥尔良意大利广场，以既传统又前卫、既俗又雅、玩世不恭的设计理念与手法，成为典型的后现代主义作品。玛莎·舒瓦茨、乔治·哈格里夫等也有后现代主义园林作品。对后现代主义设计，贬褒不一，其不确定性、离散性、异质性、对理性的否定，导致了虚无主义、极端化。这种片面追求奇特的、扭曲怪诞的设计，难以得到广泛的认可。然而，其中也有成功的作品，如 2004 年建成的芝加哥的千禧公园，由后现代解构主义建筑大师弗兰克·盖里（Frank Owen Gehry，1929—）任总设计师，其中有露天音乐厅、"云门"和皇冠喷泉三大后现代建筑。露天音乐厅的顶棚如泛起的一片片浪花。豆形的镜面不锈钢"云门"，聚集反映出周围风景与哈哈镜效果的游客。两座 17 米高，相对而立的"皇冠喷泉"，由计算器控制，交替播放 1000 名芝加哥市民笑脸，欢迎八方来客。每隔一段时间就从屏幕上市民口中喷出水柱，令人惊喜。这个 9.8 万平方米、建在地下车库上的屋顶花园，获得各方肯定与赞誉。

7. 特定功能的景观设计

美国的现代园林，对不同的功能要求，规划设计的针对性越来越强，其中康复花园与园艺疗法的规划设计是颇具特色的一类。

20 世纪 90 年代以来，康复花园与园艺疗法在美国兴起，至 21 世纪初，更是出现了为特殊病人与特殊人群设计的专类康复花园。

（1）康复花园的目的与特点

① 以减轻精神压力为目标；

② 使人们最大限度地接近自然、体验自然；

③ 提供健身的条件和聚会的场所；

④ 植物及种植高度与形式及道路宽度、坡度方便弱势人群接近；

⑤ 具有完善的引导标识和温馨的说明语言；

⑥ 栽植色彩鲜明和芳香植物；

⑦ 不种有毒、有刺等伤害性植物；

⑧ 通过造园元素的设计，营造启发和鼓励氛围，促进身心健康的恢复；

⑨ 花园环境亲和、静谧、舒适。

（2）康复花园服务对象

包括脑损伤、多动症、自闭症儿童，肿瘤病人、烧伤病人、老年痴呆症、帕金森症、精神分裂症、抑郁症病人，及年老体弱者等。

（3）康复花园代表作

1999 年建成的比勒体验花园，全园无障碍设计，有方便触摸的升高种植槽、水池、小瀑布、跌水、园艺知识教育中心，有许多色彩鲜艳、形状别致、质感明显、芳香的植物，适宜各种年龄和身体条件的人享受的景观环境和参与简单的园艺活动。

纽约腊斯克康复研究所游戏花园，是专为脑损伤或多动症儿童服务的花园。孩子们可以在绿草如茵的小山坡爬上滑下，可以按青蛙形按钮使泉水流动，可以用多种插销打开儿童游戏室的门。从而让孩子们在阳光的沐浴下，锻炼身体，提高控制能力。

2000 年建成的波特兰市俄勒冈烧伤中心的庭院花园，栽种了众多可观赏、嗅闻、触摸的植物；遮荫棚与座椅为烧伤病人避开了烈日；缓坡的路侧有扶手，便于坐轮椅病人独立活动。

8. 进入 21 世纪的美国现代园林

进入 21 世纪，美国的现代园林，富有创意的新人新作品频频涌现。其中，每年有数十项规划设计项目获得美国最高级别风景园林奖的 ASLA 奖。有的项目很有新意和实用，如大气、美观、安全的华盛顿纪念碑公园，新颖、别致的芝加哥千禧公园卢瑞花园，视角独特的纽约高线公园，紧凑、实惠的佩里口袋公园，巧妙、自然的泪珠公园，寓意显著的 9·11 纪念公园，设计精美的现代艺术博物馆屋顶花园，西雅图闹中取静的高架公园、保留工业文化的煤气厂公园，匹兹堡建在瀑布、溪水上的流水山庄，达拉斯壮观的喷泉广场，德克萨斯州福特·沃斯市伯内特公园的烛光喷泉，加利福尼亚州格伦代尔布兰德街的象棋组灯公园，俄勒冈州格林大街住宅区的多层次绿化，旧金山设计紧凑、精巧的城市游乐花园，旧金山鲍威尔街头造型美观、流畅的座凳、围栏等。另外，纽约计划建造采用光纤等作光源的地下公园，而犹他州 2007 年建设的暗夜公园，空中清澈、繁星满天，年游客达 10 万人次。

另外，原先的一些先锋设计师沃克、施瓦茨、哈格里夫斯等仍在园林设计上保持着高水平。如彼得·沃克的 9·11 国家纪念碑、乔治·哈格里夫斯设计的休斯顿探索花园等。

还有一些从未先锋过，却德高望重的设计师，始终以高水准推出众多优秀、实用的作品。如劳里·奥林（Lanrie Olin），曾任哈佛大学风景园林系主任，他设计有辛辛那提喷泉广场、华盛顿纪念碑景观等杰作，2012 年获国家艺术勋章。

鲍斯利（Balsley Tomas）在纽约有众多作品，如哈德逊河南滨河公园。

　　凯瑟琳·古斯塔夫森（Kathryn Gustafson），是近十几年声望日升的著名女设计师。她根据基地本身的特征，把自然元素和经技术加工的人造材料，经艺术处理后，形成雕塑般的富有创意的优美风景园林。她塑造大地艺术来体现人与土地的联系，以声、光、影表现动态变化的亮丽风景，以叙事性的隐喻和体验性的引导，让人们深入观察、欣赏自然。她的作品在不少国家获奖，其中芝加哥千禧公园中的卢瑞花园，获 2008 年 ASLA 奖。她与另两位合作者创建的西雅图 GGN 事务所曾获多项 ASLA 奖。

　　托弗·德莱尼（Topher Delaney，1948 年生），以独特的设计，把客户的思想、愿望，把不同的文化与哲学，用花园来表现。如禅意的谢园（Che Garden），如印度纱丽般的普塔公园（Gupta Garden）等。她的作品常应用橡胶、玻璃纤维、再生塑料、彩色混凝土等材料。她设计的项目常参加国际性展出，获奖众多，2011 年获 ASLA 奖。

　　詹姆斯·科纳（James Corner），2000 年开始任宾夕法尼亚大学风景园林系主任，同年发表的《景观都市主义》，在风景园林界产生广泛影响。2000—2010 年他的设计获得多项大奖，纽约高线公园一期项目获 2009 年 ASLA 奖。他的作品在纽约当代艺术博物馆等全球众多博物馆展出。

　　沃肯伯格（Michael Van Valkenburgh），1991—1996 年任哈佛大学风景园林系主任，他的作品有获 2009 年 ASLA 奖的纽约泪珠公园和纽约布鲁克林大桥公园等。

　　21 世纪新建的园林绿地，有许多是由棕地改建成的。2002 年美国通过《棕地法案》，由美国国家环保署（EPA）编制棕地改造计划，每年拨款 2.5 亿美元，作为棕地改造项目的启动基金（只占项目建设资金的小部分，主要靠吸引地方政府、开发商、私人捐助等其他基金），并由 EPA 提供实施指导和新工具。至今，已对数万处棕地进行评估，数千处棕地完成和正在准备改建中。其中不乏成功的作品，如前面提到的西雅图煤气厂公园等。

　　随着时代的进步和科技、文化、艺术的发展，美国现代园林必定会不断有新的发展、不断涌现新的成果，从而推动风景园林事业达到更高水平、更丰富多彩。

　　现代园林一些作品见图 380—图 398。（受条件限制，许多优秀的案例未能前往拍摄，然可从网上浏览。）

381

382

393

394

395

396

397

398

第11章 其他风景园林

美国的风景园林，除了本书提到的国家公园、州立公园、城市绿化、绿道、市区公园、植物园、住宅花园等外，还包括国家公园系统中的国家历史公园、国家自然保护区、国家休闲游乐区等另19个类型；还有众多面积很大，由保存良好的自然森林、草甸、山脉、湖泊等融合的国家森林、荒野保护区、自然保护区（见图399—图405的几个自然保护区）；有精致、亮丽的郊县公园（见图406—图414宾州的雄鸡公园、旧金山南部的费罗莉公园等）；有许多宽敞、舒适的郊县社区公园（见图415—图419）；有简洁、明快的企业绿化；有缤纷多彩的商业区绿化；有优雅温馨的小城镇绿化（见图420—图427，俄勒冈州的"德国村"）；还有充满自然景观的道路绿化（见图428—图430），大气、典雅的校园绿化（见图431—图438），以及田野绿化（见图439—图442，俄勒冈州的一些农牧区绿化），开放的私人园林（见图443—图447纽约州的莫宏克山庄），还有不属于以上各类风景风林的著名景点（见图448—图449）等。受篇幅的限制，本书不分别逐一展开。

399

403

404

405

412

413

415

416

417

418

419

420

421

435

436

437

438

439

440

441

442

443

444

445

446

447

448

参考文献

[1] Geographic N. National Geographic Guide to the National Parks [J]. 2006.

[2] 乐卫忠. 美国国家公园巡礼 [M]. 北京：中国建筑工业出版社，2009.

[3] 李如生. 美国国家公园管理体制 [M]. 北京：中国建筑工业出版社，2005.

[4] 李如生，李振鹏. 美国国家公园规划体系概述 [J]. 风景园林，2005（2）：50-57.

[5] 朱璇. 美国国家公园运动和国家公园系统的发展历程 [J]. 风景园林，2006（6）：22-25.

[6] 许晓青，王应临. 中美国家公园社会科学研究项目比较 [J]. 风景园林，2017（7）：37-43.

[7] Geographic N. National Geographic Guide to State Parks [J]. 2011.

[8] 黄庆喜. 美国城市园林绿地管窥 [J]. 中国园林，1992（3）：57-61.

[9] Cooper G，Taylor G. Paradise transformed： the private garden for the twenty-first century[M]. New York：Monacelli Press，1996.

[10] 胡永红，黄卫昌. 美国植物园的特点——兼谈对上海植物园发展的启示 [J]. 中国园林，2001，17（4）：94-96.

[11] Geographic N. National Geographic Guide to Scenic Highways and Byways，4th Edition[J].2013.

[12] 查尔斯·E·利特尔，余青，等. 美国绿道 [M]. 北京：中国建筑工业出版社，2013.

[13] 刘滨谊，余畅. 美国绿道网络规划的发展与启示 [J]. 中国园林，2001，17（6）：77-81.

[14] 余青，胡晓苒，宋悦. 美国国家风景道体系与计划 [J]. 中国园林，2007，23（11）：73-77.

[15] 余青，宋悦，林盛兰. 美国国家风景道评估体系研究 [J]. 中国园林，2009，25（7）：93-96.

[16] 王向荣. 西方现代景观设计的理论与实践 [M]. 北京：中国建筑工业出版社，2002.

[17] Slade N. Preserving Modern Landscape Architecture II： Making Postwar Landscapes Visible[M]. Washington：Spacemaker，2004.

[18] 查尔斯·A.伯恩鲍姆，罗宾·卡尔森，伯恩鲍姆，等. 美国景观设计的先驱 [M]. 北京：中国建筑工业出版社，2003.

[19] 克莱尔·库珀·马科斯，罗华，金荷仙. 康复花园 [J]. 中国园林，2009，25（7）：1-6.

[20] 弗兰克·加德纳，崔晓培. 美国环保署棕地计划——合作共赢 [J]. 中国园林，2017，33（5）：15-17.

[21] 林箐. 当代国际风景园林印象 [J]. 风景园林，2015（4）：92-101.

[22] 梁工. 1985—2015 ASLA 奖项目合集，回顾世界景观 30 年 [EB/OL].[2017-12-14]. https://www.ddvip.com/weixin/20170812A06OMY00.html.

[23] 彼得·沃克，梅拉妮·西莫. 看不见的花园：探寻美国景观的现代主义 [M]. 北京：中国建筑工业出版社，2009.

[24] 陈新，赵岩. 美国风景园林 [M]. 上海：上海科学技术出版社，2012.

图书在版编目（CIP）数据

美国风景园林纵横／陈新编著 . -- 上海：同济大学
出版社，2018.8
ISBN 978-7-5608-7823-2

Ⅰ . ①美… Ⅱ . ①陈… Ⅲ . ①园林艺术—介绍—美国
Ⅳ . ① TU986.671.2

中国版本图书馆 CIP 数据核字（2018）第 080124 号

美国风景园林纵横

陈 新 编著

责任编辑 熊磊丽
责任校对 徐春莲
装帧设计 钱如潺

出版发行 同济大学出版社 www.tongjipress.com.cn
　　　　　（上海市四平路 1239 号 　　邮编 200092 　　电话 021-65985622）
经　　销 全国各地新华书店
印　　刷 上海安兴汇东纸业有限公司
开　　本 889mm×1194mm　1/16
印　　张 14.75
字　　数 472 000
版　　次 2018 年 8 月第 1 版 　2018 年 8 月第 1 次印刷
书　　号 ISBN 978-7-5608-7823-2
定　　价 138.00 元

本书若有印装质量问题，请向本社发行部调换 　版权所有 　侵权必究